JingDian XiangWei

经典湘味

家常菜

犀文图书 编著

U0212815

重庆出版集团 重庆出版社

前 言 Preface

　　中国幅员辽阔、地理环境复杂、气候多变、物产丰富，又有着众多的文化传统和民族习俗，直接或间接地导致不同民族、不同地域的人衣食住行都各具特色，尤其在饮食一处，更是表现得淋漓尽致。受以上因素影响，我国的餐饮文化根据地方风味形成了各种流派，百花齐放。此丛书以六大菜系为主打，分别为川菜、鲁菜、粤菜、湘菜、杭帮菜和徽菜，为您选取经典的家常菜式、配以精美的图片和详尽的步骤，从易到难，让您快速入门学会心仪的菜式，丰富您的餐桌类型，菜式天天不重样。

　　湘菜是我国传统经典菜系之一，由湘江流域、洞庭湖区和湘西山区为基调的三种地方风味组成，特点是油重、色浓、酸辣、浓鲜，多以本地原料为主，讲究原料入味，口味注重香鲜、软嫩，烹调方法最擅腊、熏、煨、蒸、炖、炸、炒，具有浓厚的湖南乡土风味，代表菜式有洞庭金龟、湘西土匪鸭、东安子鸡、腊味合蒸、毛氏红烧肉、冰糖湘莲、臭豆腐等。

　　本书精选 170 多道经典湘味家常菜，分为经典湘菜、家常湘菜和其他湘式美食三大类，这些菜品取材方便、制作简单、经济营养，是您日常烹饪的极佳参考。

目 录 Contents

■■ 家常湘菜

其他湘式美食

漫谈湘菜

世人只知道湘菜酸辣鲜香、回味悠长、美味难忘

却又对湘菜了解多少呢？

从湘菜的发展历程、湘菜的特点和组成到湘菜的特色调味品

本章为您讲述湘菜的历史渊源、发展进程和今朝本色

让您多角度全面了解真实的湘菜

湘菜的历史

湘菜的历史可谓源远流长，经过历朝历代的演变与改进，逐步发展成为颇负盛名的地方菜系。早在战国时代，伟大诗人屈原的著名诗篇《招魂》中，就有许多湖南本地美味佳肴的记载。到了汉朝，湖南的饮食文化逐步形成了一个从用料、烹调方法到风味风格都比较完整的体系，菜肴品种已达 100 多款，烹调方法也大为丰富，有 9 个大类，且根据对马王堆汉墓出土之烹食残留物及一套竹简菜谱进行考究，证明当时楚人已利用数十种动、植物烹制菜肴。南宋以后，湘菜自身体系的发展已有了雏形，自成体系，许多美味菜肴和精巧烹饪技术得到官府的认可和推广，并逐渐进入百姓日常生活中。六朝以后，湖南的饮食文化更为丰富与活跃。明、清两代，算是湘菜发展的黄金时期，此时长沙等地商贸往来不断，市场繁荣，各种茶楼酒馆也开始遍及全省各地，各种烹饪技艺也因此得到很好的交流和创新，茶楼食肆遍及全省各地，湘菜的独特风格基本定局。当时的长沙，先后出现了轩帮和堂帮两种湘菜馆，前者经营菜担至民家，承制酒宴，后者则以堂菜为主，于市场广招食客。湘菜的独特风格基本成形。民国时期，许多菜馆的烹饪技艺发展迅速、各具特色，且形成了多种流派繁荣发展的局面，比如戴（杨明）派、盛（善斋）派、肖（麓松）派和祖庵派等就是其中的优秀代表。新中国成立后，湘菜经系统地挖掘和整理，技艺日臻精良。从此，湘菜一举奠定了其应有的历史地位。如今，历经各代名师之努力，经浓郁的湖湘文化浸染的湘菜，已具较完备的理论，在继承原有优点的同时大胆创新，创造出了不少闻名于世的特色佳肴，深得人们喜爱。至此，湘菜在全国的影响力逐年提升，甚至已走出湖南省、走向世界。

湘菜的组成

湘菜，以湖南菜为代表，是我国八大菜系之一。

湖南省位于我国中南地区，长江中游南岸。这里气候温暖，雨量充沛，阳光充足，四季分明，自然条件优越，十分利于农、牧、副、渔的发展，故而物产特别富饶。尤其湘北是著名的洞庭湖平原，盛产鱼虾和湘莲，是著名的鱼米之乡，故而有"湖广熟，天下足"的谚语广为流传。湘西则多山，盛产笋、蕈和山珍野味。丰富的物产为饮食提供了精美的原料，著名特产有：武陵甲鱼、洞庭金龟、桃源鸡、临武鸭、武冈鹅、湘莲、银鱼等。

由于受地区物产、民风习俗和自然条件等诸多因素的影响，湘菜逐步形成了湘江菜、洞庭湖菜和湘西菜三种地方风味。湘江菜以长沙、衡阳、湘潭为中心，其中以长沙为主，讲究菜肴内涵的精当和外形的美观，它制作精细，用料广泛，品种繁多，其特点是油重色浓，讲究实惠，注重鲜香、酸辣、软嫩，尤以煨菜和腊菜著称，因而成为湘菜的主流。洞庭湖菜以常德、岳阳两地为主，擅长制作河鲜水禽，特点是咸、辣、香、软，以炖菜、烧菜出名。湘西菜则由其民族风味菜组成，以烹制山珍野味、烟熏腊肉见长，口味侧重于咸、香、酸、辣，有浓厚的山乡风味。

这三种地方风味各具特色，但彼此交流，互相借鉴。随着时间的不断推进及烹饪技术的不断发展，逐步形成了如今色香味美、变化多样的湖南菜系，即湘菜系。

湘菜的特点

湘菜制作精细，用料广泛，口味多变，品种繁多，其主要特点有：

一、用料广泛，品味丰富

湖南自古素有"鱼米之乡"的美称，优越的自然条件和富饶的物产，为湘菜的食材选用提供了广泛的选择。比如空中的飞禽，地上的走兽，水中的游鱼，山间的野味，以及各类瓜果、时令蔬菜、各地土特产等，都成为湘菜的上好原料。同时，丰富的食材也造就了菜肴品种和味别的繁多。比如，根据菜式不同就可分为：乡土风味的民间菜式、经济快捷的大众菜式、实惠讲究的筵席菜式、格调高雅的宴会菜式，以及各种家常菜式、药膳菜式等。据统计，湘菜中现有的名菜品种就达800多道。

二、精于刀工，形美味佳

湘菜的基本刀法有16种之多，根据不同的食材具体运用，使菜肴干姿百态，充满变化。比如"梳子百页"形似梳齿，"发丝百页"细如银发，"熘牛里脊"片同薄纸，而"菊花鱿鱼"、"金鱼戏莲"等创新菜式，其刀法更是奇异，形态愈加逼真。

此外，湘菜刀工之妙，既考虑到成品菜肴的美观，又配合了烹调技术的需要，做到依味造型，形美味佳。例如"红煨八宝鸡"，整鸡剥皮，盛水不漏，最后的成品不仅造型完整俊美，而且肉质鲜软酥嫩，让人印象深刻，回味无穷。

三、注重调味，酸辣著称

湘菜特别讲究原料的入味，注重主味突出和内涵精当。调味工艺根据食材不同又有区别，如慢火浸味的"煨"，急火起味的"熘"，选调味后制作的"烤"，边入味边烹制的"蒸"等等。味感的调摄精细入微。湘菜调味，以"酸辣"著称，又以辣为主，酸寓其中。"酸"是酸泡菜之酸，比醋更为醇厚柔和。辣则与地理位置有关。湖南大部分地区气候温和湿润，空气湿度较大，而辣椒具有提神祛湿、开胃祛风等功效，既入味又能调养身体，因此深受人们喜爱，成为湘菜中一种不可或缺的重要食材。

四、技法丰富，讲究慢煨

早在汉代，湘菜就形成了羹、炙、脍、濯、熬、腊、濡、脯、菹等多种技艺。经过人们多年的创新发展和繁衍变化，到现代，更精湛的技艺则是煨。根据色泽变化的不同，煨又可分为红煨、白煨等；根据调味方式的差异，煨则可分为清汤煨、浓汤煨、奶汤煨等。但有一点相同的是，这些煨的技艺都讲究小火慢烧，原汁原味。比如"洞庭金龟"汁纯滋养，"祖庵鱼翅"晶莹醇厚等，均为湘菜中的名馔佳品。

湘菜特色调味品

湘菜的神奇之处就在于味的变化多端，味是湘菜的灵魂。"五味调和百味香"是湘菜的本质，湘菜对调味十分讲究，并善于调味、精于调味，定味准确，味味相融，且本土调料占 80% 以上，常用的有：

浏阳豆豉

浏阳豆豉是以泥豆或小黑豆为原料，经过发酵精制而成，具有颗粒完整匀称、色泽绛红或黑褐、皮皱肉干、质地柔软、汁浓味鲜、营养丰富，且久贮不发霉变质的特点，加水泡涨后，汁浓味鲜，是湘菜烹饪中最常用到的调味佳品之一。

湘潭酱油

湘潭素来有"酱油王国"之称。湘潭酱油选用上等黄豆、面粉为原料，采用独特的传统工艺酿造，具有色美味鲜，香味浓郁，咸中带甜，久贮无浑浊、无沉淀、无霉花等特点，含有多种香气成分及人体所必需的氨基酸，不仅是极佳调味品，也是上等营养品。

永丰辣酱

辣酱在湘菜中既是一种调味品，又是一种风味小吃，具有独特的风味和丰富的营养成分，尤以产于湖南省双峰县永丰镇的永丰辣酱为佳。永丰辣酱以从该地所产的一种肉质肥厚、辣而带甜的灯笼椒为主要原料，掺拌一定分量的小麦、黄豆、糯米，依传统配方、科学办法晒制而成，色艳气香、辣中带甜、清新爽口，具有生津开胃、增强食欲、帮助消化等功效。

湘西霉豆腐

湖南传统特产、湘西一绝——霉豆腐，在湖南几乎是家喻户晓的食品。霉豆腐的主要原料为黄豆，作料有盐、花椒、辣椒等。首先用黄豆做成豆腐块，然后将豆腐切成丁，放在篾制容器中，底层铺稻草，将之置于仓库中，让它发酵。待豆腐在容器中长出白毛（即为毛霉等微生物）后，将其裹上备好的作料，放于陶罐坛中密封，待一段时间后便可食用。其味香、辣、麻，口感极佳，既可用来下饭，也可用来佐粥。

茶陵紫皮大蒜

茶陵紫皮大蒜因皮紫肉白而得名，是茶陵地方特色品种。民间流传着茶陵大蒜是"一蒜入锅百菜辛，一家炒蒜百家香"。茶陵大蒜是一个经过多年选育，逐渐形成的地方优良品种，具有个大瓣壮、皮紫肉白、包裹紧实、香辣浓郁、含大蒜素高等优点，是湘菜的基本调味品之一。

山胡椒油

山胡椒油是一种新型、健康、纯天然的增香调味佳品，以稀有野果山苍子、木姜子为主料，经现代工艺精心萃取而成。具有增味、赋香、祛寒、消暑、散气等功效，适用于牛、羊、鱼、龙虾、海鲜等荤腥菜及粉、面汤、火锅、卤菜调味，出锅时加少许拌匀即可，香味扑鼻，味道诱人、爽口，回味无穷，在长沙、张家界、邵阳等地均有生产。

紫苏

紫苏既可入药又可作为调味料食用。紫苏梗，理气宽中，止痛安胎。紫苏子降气消痰，平喘，润肠。湘菜菜系里有一道名菜叫紫苏煎黄瓜，黄瓜之脆软、紫苏之香甜，加上湘菜独有的香辣，别有一番风味。此外还有紫苏煮鲫鱼、紫苏炒田螺等。由于紫苏含有大量草酸，在人体内沉积过多会损害神经、消化系统和造血功能，所以不宜多食。

葱

南方多产小葱，它也是湘菜中一种经常用到的调味品。比如，在炒菜前将葱末等一起下入油锅中，炒至金黄后再将其他蔬菜倒入锅中炒。做清汤面时，待面条熟后撒上些许葱末，既可以调味，也能使菜肴更美观。葱的主要营养成分是蛋白质、糖类、食物纤维以及磷、铁、镁等矿物质，还具有解热、祛痰、促进消化吸收、抗菌、抗病毒等功效。

生姜

生姜作为另一种重要的调料，在湘菜中也得到广泛的应用。因其味清辣，只将食物的异味挥散，而不将食品混成辣味，经常作为荤腥菜的调味品。老姜可做调料或配料，嫩姜可用于炒、拌、爆等，亦用于糕饼糖果制作，如姜饼、姜糖等。吃饭不香或饭量减少时，吃上几片姜或者在菜肴中放上一点嫩姜，都能改善食欲，增加饭量，所以俗话说："饭不香，吃生姜。"

腊八豆

腊八豆是我国湖南省传统食品之一，也是一种家常菜肴，已有数百年历史。民间多在每年立冬后开始腌制，至腊月八日后食用，故称之为"腊八豆"。豆子经过腌渍发酵后，蛋白质分解，氨基酸增加，风味独特，容易消化吸收。其成品具有一种特殊的香味，且异常鲜美，因而很受人们的喜爱。腊八豆含有丰富的营养成分，如氨基酸、维生素、功能性短肽、大豆异黄酮等生理活性物质，是营养价值较高的保健发酵食品。

干辣椒

干辣椒是红辣椒干制而成的辣椒产品。它的特点是含水量低、适合长期储藏，但未密封包装或含水量高的干辣椒容易霉变。干辣椒的吃法主要是作为调味料食用，适合的烹饪方法有炒、煎、炸、煮、烘烤等。干辣椒分熏制和晒制两种。熏制，即将新鲜红辣椒扎成一束一束之后，悬挂于农村土灶头上空，使用草、木烧火所产生的烟雾，进行长期熏炕而成。晒制则是在天气晴朗时，将新鲜红辣椒利用太阳直接暴晒而成。

杭椒

杭椒，果羊角形，长 13 厘米左右。青熟果淡绿色，果实微辣；老熟果红色，果面略皱，果顶渐尖，稍弯。杭椒富含蛋白质、胡萝卜素、维生素 A、辣椒碱、辣椒红素、挥发油以及钙、磷、铁等矿物质。它既是美味佳肴的好佐料，在湘菜中得到了广泛应用，又是一种温中散寒、防治食欲不振等症的食疗佳品。

经典湘菜

湘菜历史悠久，自成一派

洞庭金龟、湘西土匪鸭、东安子鸡、毛氏红烧肉……

热爱湘菜的您是否对这些鼎鼎大名的湘菜如数家珍

本章为您精选五十来道经典地道的湘式名菜

让您在家也可以轻松做出媲美酒楼食肆的湘式美味

腊味合

主料 腊鸡、腊鸭、腊肉各 200 克，西蓝花 100 克

辅料 食用油、辣椒油、生抽、白醋、香油、红辣椒、葱、盐各适量

做法

1. 腊鸡、腊鸭、腊肉均用温水泡洗干净，腊鸡、腊鸭均切小块，腊肉切片；西蓝花洗净，掰成小朵；红辣椒洗净，切碎；葱洗净，切葱花。

2. 将腊鸡、腊鸭摆入盘中，再覆盖上腊肉，放上红辣椒，淋入辣椒油、生抽、白醋、香油，放入锅中蒸约 20 分钟后取出，撒上葱花。

3. 将西蓝花放入加盐的沸水锅中，焯水后捞出，摆在腊味旁即可。

技巧

腊鱼、腊肉等已有较重的咸味，故不可再放盐，只需准备西蓝花所需的盐，否则成菜会很咸，难以入口。

功效

西蓝花的维生素 C 含量极高，不但有利于人的生长发育，更重要的是能提高人体免疫能力，促进肝脏解毒，增强人的体质和抗病能力。

小知识

此菜以各种腊熏制品同蒸，风味独特，腊香浓重，咸甜适口，色泽红亮，柔韧不腻，稍带厚汁，且味道互补，各尽其妙。

常德辣香干

主料 香干350克，红辣椒、咸肉各50克，青蒜30克

辅料 盐、酱油、红油、食用油、高汤各适量

做法

1. 香干洗净，切片；红辣椒洗净，切成斜段；青蒜洗净，切段。

2. 锅中加水烧沸，下入香干片稍煮至软后，捞出沥干水分。

3. 油锅烧热，爆香辣椒、青蒜，下入咸肉一起翻炒1分钟后加入香干翻炒，加盐、酱油、红油调味，转入砂锅，加入高汤，转小火烧至汤汁将干时出锅即可。

技巧

炒香干时要大火快炒，以防粘锅；转入砂锅、加入高汤后，则要用小火焖烧，这样才能让食材更入味。

功效

香干含有丰富的蛋白质、维生素、钙、铁、镁、锌等营养元素，营养价值较高，一般人皆可食用。

小知识

香干是豆腐的再加工制品，制作过程中添加了食盐、茴香等调料，咸香爽口，硬中带韧，久放不坏，被誉为"素火腿"。

走油豆豉扣肉

 猪肋条肉 750 克，豆豉 50 克

 酱油、盐、食用油、料酒各适量

做法

1. 将猪肉放在冷水中刮洗干净，放入锅内加清水，煮至八成熟捞出，用干净的布擦干肉皮上的水，趁热将料酒抹在肉皮上面。

2. 锅内放油，烧至八成热，将猪肉皮朝下入锅走油，待肉皮炸至呈红色时起锅，放入汤锅里稍煮一下，见肉皮起皱即捞出。

3. 猪肉皮朝下放在砧板上，先切成均匀的大片，再横中切一刀，但不切断。

4. 切好的肉皮朝下整齐排列在钵中，剩余的边角肉成梯形排列在钵的边缘，然后均匀地放入盐、酱油、豆豉，上笼蒸至软烂，取出翻扣在盘中即可。

 技巧

肉可以入托盘，置于笼屉中，隔水蒸约 15 分钟，大体以蒸至断生为度，这样出来的菜品味道和口感更好。

功效

五花肉富含热量、丰富的优质蛋白质和必需的脂肪酸，可以为身体提供热量和氨基酸，还能改善缺铁性贫血症状。

 小知识

此菜色泽油亮，肉皮棕红而有斑纹，似虎皮，又有"虎皮扣肉"之称。食之香味浓郁，入口不腻，软烂鲜美。

 技 巧

初加工时，不要除去鸭脚上的外皮，这样可保持其美味；鸭血与鸭肉一块炒制，能增加菜品的香味。

 功效

鸭肉含 B 族维生素和维生素 E 较多，能有效抵抗脚气病、神经炎和多种炎症，还能抗衰老。鸭肉中还含有较为丰富的烟酸，对心肌梗死等心脏疾病患者有一定的保护作用。

小 知 识

此款菜肴为明朝末期沅州（芷江）名厨肖启中首创，菜品五色相兼、香酥鲜辣、油而不腻、鲜嫩味美，数百年来一直颇受人们的喜爱。

芷江炒鸭

 鸭 1 只（约 800 克）

 食用油、料酒、酱油、甜面酱、盐、红辣椒、桂皮、姜、葱各适量

做法

1. 将鸭剁去鸭掌，鸭头留用，鸭身剁块，鸭内脏洗净，鸭血凝固切小块；红辣椒切段，葱切短段，姜切片。

2. 炒锅放油烧热，下入鸭头、鸭掌、鸭内脏、桂皮爆香，放入鸭块炒干水分，加入料酒、盐、酱油、甜面酱，煸炒至鸭肉浓香，再放入红辣椒段、姜片、鸭血翻炒，添清水，加盖焖至鸭肉软时，放入葱段即可。

荷包辣椒

 青辣椒 200 克

 食用油、盐、鸡精、料酒各适量

做法

1. 青辣椒洗净、去蒂、拍扁。

2. 锅内放油烧热，放少许盐略炒，放青辣椒，翻炒至青辣椒表皮呈现小黑点，倒入料酒、盐、鸡精，继续炒至入味即可。

炒青辣椒的时候，可以根据自己的口味，放入适量白糖或醋，这样会更鲜嫩一点，或者还可以加入豆豉，风味更佳。

 功效

青辣椒含有抗氧化的维生素和微量元素，能增强人的体力，缓解因工作、生活压力造成的疲劳；可以防治坏血病，对牙龈出血、贫血、血管脆弱等症有辅助治疗作用。

小知识

荷包辣椒，就是将整个的辣椒去蒂、拍扁，因其很像荷包，故名。荷包辣椒看起来与虎皮辣椒有点相似，但是它的要求是要少起虎皮，辣椒经过油煎之后，吃到嘴里是皮微脆、肉软糯，又不油腻的感觉。

 技巧

　　煮鸡的时间不宜过长，以腿部能插进筷子拔出无血水为准，否则鸡肉的口感会较硬，影响味道。

 功效

　　母鸡肉蛋白质的含量比例较高，种类多，而且消化率高，并含有对人体生长发育有重要作用的磷脂类。

小知识

　　此菜选用没有生过蛋、重量不超过750克的雌鸡为主料，制作时火功恰到好处，保持鸡骨头里的血呈鲜红色。成菜香、甜、酸、辣、嫩、脆六味俱全，是一道历史悠久、驰名中外的佳肴，被列为国宴菜谱之一。

东安鸡

 主料　嫩母鸡1只

 辅料　黄醋、料酒、水淀粉、盐、葱、姜、清汤、干辣椒、花椒、鸡精、香油、食用油各适量

做法

1. 将鸡宰杀，清洗干净，放入汤锅内煮10分钟，至七成熟捞出，待凉，剁去头、颈、脚爪。

2. 将鸡的粗细骨全部剔除，切成长条；姜切成丝；干辣椒切成细末；花椒拍碎；葱切成段。

3. 锅内放油，烧至八成热时，放鸡条、姜丝、干辣椒末煸炒，再放黄醋、料酒、盐、花椒末，煸炒几下，放入清汤，焖4分钟至汤汁收干，放入葱段、鸡精，用水淀粉勾芡，翻炒几下，淋入香油，出锅装盘即可。

辣椒酱煨土鸡

主料 土鸡1只（约1000克），辣椒酱20克

辅料 红尖椒、食用油、鸡精、酱油、蚝油、海鲜汁、胡椒油、胡椒粉、红油、姜、葱、鲜汤各适量

做法

1. 土鸡宰杀洗净，剁成丁；红尖椒去蒂切成斜段；姜切片；葱切段。

2. 锅内放油，大火烧至五成热时，下姜片煸香，再放入鸡丁炒干水分，加辣椒酱、海鲜汁炒匀。

3. 炒约2分钟后烹入鲜汤，大火煮沸，撇去浮沫，加鸡精、酱油、蚝油，转用小火煨至鸡肉软烂，再加入红尖椒段，大火收浓汤汁，撒上胡椒粉、葱段，淋上胡椒油、红油即可。

土鸡要现杀现做，吃起来肉质就会特别鲜嫩；鸡屁股是淋巴最为集中的地方，也是储存病菌、病毒和致癌物的仓库，应弃之不用。

功效

土鸡肉含有丰富的蛋白质、微量元素和各种营养素，脂肪的含量比较低，对人体有很好的保健功效。

辣椒酱煨土鸡中放了较多辣椒酱、胡椒油、红油等调料，故菜品端上桌后，只见红油一片，具有香鲜辣甜咸各种味道，让人充满食欲，越吃越辣，越辣越过瘾。

湘味茄子泥

主料 茄子 400 克，苦瓜、猪肉各 100 克，西红柿 60 克

辅料 蒜瓣、姜、葱花、辣椒粉、水淀粉、白糖、酱油、料酒、鸡精、食用油、水各适量

做法

1. 将茄子洗净，去蒂，切片，蒸或煮熟，拌成泥状；苦瓜洗净，去籽，煮至八成熟，晾凉后切末；西红柿洗净，去蒂，切碎；猪肉洗净绞成肉末；蒜瓣、姜分别洗净，蒜瓣捣成泥，姜切成末。

2. 锅内放油烧热，放肉末翻炒，烹料酒，放茄泥、苦瓜末、西红柿末，随即加姜末、蒜泥、辣椒粉煸炒均匀，加白糖、酱油，用水淀粉勾芡，放鸡精炒匀，撒上葱花即可。

 技巧

此菜好吃的秘诀是酱油、白糖、姜、蒜瓣等辅料的调配；宜选用嫩茄子，因老茄子拌成泥状后有渣，影响成菜口感。

功效

茄子含有蛋白质、脂肪、碳水化合物、维生素以及钙、磷、铁等多种营养成分，有清热、止血、抗衰老的食效。

小知识

此菜味道与过油煎过的茄子不同，但同样美味，更重要的是含油少，不用担心长胖；茄子不用去皮，因茄子皮中含有重要的营养物质——维生素 P，对人体有益。

蚂蚁上

主料 粉丝 350 克，瘦肉 100 克

辅料 食用油、酱油、料酒、豆瓣酱、青蒜叶、白糖、盐、鸡精各适量

做法

1. 用温水将粉丝泡软洗净；瘦肉洗净剁成肉末；青蒜叶洗净切碎。

2. 锅内放油，烧热后加入肉末，放入豆瓣酱炒干肉末，再加入粉丝炒匀。

3. 调入料酒、酱油、白糖、盐和鸡精炒匀，撒上青蒜叶再翻炒几下即可。

 技 巧

此菜烹饪时要速炒，时间长了粉丝容易粘连在一起，既破坏菜肴品相，又影响菜肴口感；粉丝有良好的附味性，能吸收各种鲜美汤料的味道。

🐟 功效

粉丝的营养成分主要是碳水化合物、膳食纤维、蛋白质、烟酸和钙、镁、铁、钾、磷、钠等矿物质。

小 知 识

本菜以形取名，蚂蚁为肉末，树为粉丝，形象逼真，成菜粉丝油亮，柔软滑嫩，肉末酥香，风味别致，为素菜的上品。

紫苏煎黄瓜

 主料 黄瓜 500 克，紫苏 5 克

辅料 红尖椒、食用油、盐、蒜末、鸡精、高汤各适量

做法

1. 黄瓜洗净，稍去粗皮，用斜刀切大片；紫苏洗净切碎，红尖椒切小粒。

2. 锅中放油烧热，将黄瓜片煎至两面发黄软嫩，放入蒜末，再放入高汤、盐、鸡精，调好味，用小火将汤焖干入味，最后放入紫苏末、红尖椒粒炒匀即可。

技巧

黄瓜片要切得稍微厚一点，这样煎出来才不会变得很软，没有口感；为保存黄瓜的脆性，不能煎太久。

功效

黄瓜富含蛋白质、钙、磷、铁、钾、胡萝卜素、维生素 C、维生素 E 及烟酸等营养素。

 小知识

此菜在菜色上，紫苏的青紫色加上黄瓜的青绿色，相得益彰。吃的时候既能品味紫苏的淡淡香味，也能体味黄瓜的清淡爽口；黄瓜只是煎到半熟，这样口感更加爽嫩。

毛氏红烧肉

 技巧

最后加鸡汤煨五花肉的时候，火力不要太大，以前小后大的火力为宜。

 功效

猪肉味甘咸、性平，具有补肾养血、滋阴润燥等功效。上海青的根、叶均可入药，主要功效是清热解毒、活血止血。

主料 带皮猪五花肉850克，上海青500克

辅料 料酒、腐乳、盐、白糖、鸡精、酱油、八角、桂皮、干辣椒粉、蒜瓣、食用油、鸡汤、鸡油各适量

做法

1. 猪五花肉洗刮干净，加入沸水中煮至断生，捞出，切成均匀的方块；蒜瓣洗净、切块。

2. 锅内放少许食用油，放入肉块、料酒、盐、鸡精、酱油、白糖、八角、桂皮、干辣椒粉、蒜瓣、腐乳，干烧后加鸡汤煨至肉烂浓香。

3. 上海青用鸡油炒熟放底，将红烧肉整齐摆放在正中，再在肉块上浇少许汤汁即可。

 小知识

当年毛主席喜欢吃红烧肉，老年的他很喜欢酥烂的口感，因此石荫祥大师特意将传统的湖南烧肉改良成了这样，因而遍布全国各大城市的毛家餐馆都用红烧肉来作招牌菜，名之"毛氏红烧肉"。

 技巧

雪里红焯水时，加少许盐和白糖可有效去除苦味；肉末应选择五花肉切末，这样的肉末口感不柴、味道香且不腻。

功效

雪里红富含蛋白质、脂肪、维生素、碳水化合物、钙、磷、铁、核黄素、尼克酸、抗坏血酸等。

小知识

此菜应选择新鲜的雪里红，因其本身味道比较清淡，用猪油炒制后，则香味浓郁，爽脆鲜美。

雪里红肉末

 主料　雪里红 400 克，猪肉 100 克

 辅料　红辣椒、食用油、料酒、盐、鸡精各适量

做法

1. 雪里红洗净，切成丁，入沸水焯熟，再过凉；红辣椒洗净，切成圈；猪肉剁碎。

2. 锅内放油，烧热，放入猪肉末翻炒至肉色发白。

3. 将雪里红倒入锅内炒 1 分钟，加料酒、鸡精、盐，继续翻炒几下。

4. 倒入红辣椒圈，炒匀即可装盘。

猪血丸子

 猪肉（肥三瘦七）600克，黄豆1200克，纯鲜猪血350毫升

 辣椒粉、盐、食用油各适量

做法

1. 将黄豆加水磨成细浆，制成水豆腐，放入布袋内吊干水分；猪肉洗净，切成细丁，加入盐拌匀。

2. 豆腐放入盆内，用手抓成泥状，放盐、鲜猪血拌匀，再放猪肉丁、辣椒粉拌匀，双手蘸上食用油，做成10个椭圆形团子。

3. 在竹筛内垫上干净稻草，将做好的团子排列在筛内，晾干（3~4天）。

4. 瓦缸内放入木屑点燃，将晾干的团子排放在铁筛上，熏2~3天，当颜色呈黄黑色时取出即可。

5. 食用时，洗净，蒸热切成片，既可用油爆炒，也可拌上剁椒、蒜瓣直接食用。

技巧

熏制团子时，记得要勤翻动，保证各团子表面得到均匀有效的熏制，这样才能颜色一致，风味上佳。

功效

猪血含铁量较高，而且以血红素铁的形式存在，容易被人体吸收利用，可以防治缺铁性贫血。

小知识

猪血丸子又称血粑豆腐，是湖南邵阳地区的传统家常菜，其在当地的制作工艺极为考究。从材料的准备到制作到烘烤，至少需要20多天，成菜辣香扑鼻、风味独特。

湘味蒸丝

 丝瓜 400 克，粉丝 50 克，剁椒 30 克
 葱花、料酒、蚝油、食用油、白糖各适量

做法

1. 粉丝提前在凉水中泡发备用，丝瓜去皮切块，浸入凉水中以防氧化变黑。

2. 锅中倒油，烧至六成热，放葱花和剁椒翻炒出香味，加入料酒、蚝油、白糖翻炒均匀，关火备用。

3. 将泡好的粉丝码入盘中，铺上丝瓜块，再将剁椒放在上面，上笼蒸 10 分钟左右即可。

 技巧

烹制丝瓜时，应注意尽量保持清淡，油要少用，也可根据个人喜好用一点鸡精或胡椒粉提味。

 功效

丝瓜有抗坏血病、抗病毒、抗过敏、健脑美容等功效。丝瓜中维生素 B 等含量高，有利于小儿大脑发育及中老年人大脑健康，所含提取物对乙型脑炎病毒有一定的预防作用。

小知识

这是一道简单易做的家常小菜，尤其适合在丝瓜丰收的夏天烹饪。此菜肴鲜嫩爽口，热量较低，还有美白、去燥、润肤等作用，是夏天爱美女生的不错选择。

香湘小排

主料 排骨（小排）400克

辅料 食用油、盐、香油、老抽、辣椒油、料酒、辣椒酱、水淀粉、蒜末、姜末、葱花、熟花生碎、熟白芝麻、香菜叶各适量

做法

1. 排骨洗净，剁成长段，焯水后捞出，加盐、老抽、料酒腌入味，加水淀粉上浆，放入热油锅中，炸至酥脆时盛出。

2. 再热油锅，放入姜末、蒜末、辣椒酱炒香，加排骨、熟花生碎翻炒，加辣椒油炒匀。

3. 淋入香油，盛入以香菜叶垫底的盘中，撒葱花、熟白芝麻即可。

 技巧

小排是指猪腹腔靠近肚腩部分的排骨，肉层比较厚，带有白色软骨，选购时应注意。

功效

此菜含有丰富的钙，可保持骨骼健康，适宜老人和青少年食用。

 小知识

其实，小排可以做出很多花样来，比如烤、煎、蒸、炖等，都容易入味，且肉质较嫩、脂质充足。此菜一看就让人很有食欲，而且成本不贵，是家常烹饪的理想选择。

 技巧

　　正确清洗鹅肠的方法：先将鹅肠在清水中浸泡至其吸水膨胀，然后用小刀将污秽刮除，最后冲洗干净。

🐟 功效

　　鹅肠富含蛋白质、B族维生素、维生素C、维生素A和钙、铁等微量元素。

小知识

　　此菜对烹饪技术要求较高，先要将配料炒熟，还要注意鹅肠必须沥干水分快炒。这样炒出来的鹅肠才不会很韧，而是脆爽入味。

湘式鹅肠

 鹅肠400克，青蒜50克

 食用油、料酒、辣椒油、老抽、泡椒汁、红辣椒、野山椒、姜片、葱段、盐各适量

做法

1. 鹅肠洗净，放入沸水锅中汆烫后捞出，切段；红辣椒、青蒜均洗净，斜切成段；野山椒切碎。

2. 油锅烧热，放入姜片、葱段爆香后捞出，放红辣椒、野山椒炒香，再加入鹅肠翻炒。

3. 调入盐、料酒、辣椒油、老抽、泡椒汁炒匀，加入青蒜稍炒后，起锅盛盘即可。

技 巧

先将酸豆角放入锅中，提前干炒一下，去掉多余的水分，其味道会更香。

功效

酸豆角所含的 B 族维生素具有维持正常的消化腺分泌和胃肠道蠕动的功能，能抑制胆碱酶活性，可帮助消化，增进食欲。

小知识

这是一道典型的湘菜，没有多余的配料，主要就是辣椒的辣味和酸豆角的酸味，足够酸辣爽口过瘾，绝对能让你的胃口大开，是下饭的好菜。

酸豆角炒鸡杂

 鸡胗 350 克，酸豆角 100 克

 盐、食用油、辣椒油、料酒、老抽、米酒、香油、红辣椒、青蒜各适量

做法

1. 鸡胗洗净，切片，加盐、老抽、米酒腌制；酸豆角洗净，切小段；红辣椒、青蒜均洗净，切段。

2. 锅内入油烧热，下入鸡胗过油后盛出。

3. 再热油锅，入红辣椒炒出香味后，加入鸡胗、酸豆角同炒至熟。

4. 调入盐、辣椒油、料酒炒匀，入青蒜稍炒后，淋入香油，起锅盛盘即可。

 技 巧

　　鸡腿剔下的骨头，放冰箱冷冻，积攒到一定数量，可以把骨头敲断用来熬高汤。

 功效

　　辣椒含有辣椒素，具有刺激性，能刺激消化道黏膜，具有增进食欲的作用，还可以使呼吸道畅通，对咳嗽、感冒等有一定的辅助治疗功效。

小 知 识

　　左宗棠鸡选用未下蛋的土鸡，鸡块去骨，经过腌制，旺火过油，复合调味，成菜色金黄，外焦酥，内鲜嫩，味多样。集酸、甜、脆、辣、鲜香于一体，富有典型的湘菜特色。

左宗棠鸡

 鸡腿 600 克

 黄瓜、红辣椒、青辣椒、鸡蛋清、鸡精、食用油、水淀粉、蒜瓣、姜、酱油、醋、香油各适量

做法

1. 鸡腿去骨后摊开，切浅斜刀纹后，再切成块状，加鸡蛋清、酱油拌匀；辣椒切段；黄瓜切薄片；蒜瓣、姜切末。

2. 将油烧热，放入鸡块炸熟，捞出沥干。

3. 锅中留油，放辣椒炒至半熟，再放鸡丁，加鸡精、酱油、醋、蒜末、姜末拌炒均匀，最后用水淀粉勾芡，淋香油，拼黄瓜片即可。

技巧

　　茄子在烹调前要先放入热油锅中炸，再与其他材料同炒，这样炒出来不容易变色。

功效

　　茄子含有丰富的维生素 P 及维生素 E，具有保护血管、防治坏血病的功效，茄子还有抗氧化作用，常吃茄子能抗衰老。

小知识

　　茄子细嫩，辣椒肉香，看似再普通不过的两种食材，在湖南人的创意发挥下，别具风味，口感香浓，回味无穷。

尖椒茄子煲

 茄子 400 克，青尖椒 50 克

 食用油、蒜瓣、料酒、蚝油、酱油、水淀粉、胡椒粉、白糖、盐、鸡精各适量

做法

1. 茄子洗净，去皮，切粗条；青尖椒洗净，去籽，切成条；蒜瓣去皮，洗净，切成末。

2. 锅内放油烧热，放入茄子炸至色泽金黄，放入青尖椒，即刻捞出沥尽油。

3. 锅内留少许油，放入蚝油、蒜末煸炒出香味，加料酒、酱油、适量清水，放入茄子、青尖椒、胡椒粉、白糖、盐、鸡精，煮沸，用水淀粉勾芡，盛入煲锅即可。

武冈腊香干

主料 腊香干450克，红辣椒、青蒜各30克

辅料 盐、食用油、生抽、辣椒油、香油、蒜瓣各适量

做法

1. 腊香干用清水浸泡片刻、洗净，切片；蒜瓣去皮、洗净，切片；青蒜洗净，切段；红辣椒洗净，切小段。

2. 锅内入油烧热，入蒜片、红辣椒炒香，加入香干同炒3分钟。

3. 调入盐、生抽、辣椒油炒匀，放入青蒜稍炒，淋入香油，起锅盛入盘中即可。

 技巧

腊香干在腌制过程中，本身已经吸收了不少盐分，所以炒菜过程中，放盐量应适当减少。

 功效

香干含有丰富的蛋白质、维生素A、B族维生素以及钙、铁、镁、锌等矿物质，具有益气宽中、生津润燥、清热解毒、和脾胃等功效。

小知识

不要以为腊制产品就只能是肉类，武冈腊香干就是一道名副其实的素菜。这款腊香干的特点是表面硬、内心柔软，特别是加热后口感更加好，为湖南一大特产。

湘西土匪鸡

做法

1. 鸡洗净,剁成 4 厘米长的条,入沸水中焯 1 分钟捞出;胡萝卜切块,焯水捞出。

2. 锅放油烧至六成热,放豆瓣酱、姜、八角、桂皮、花椒、茴香,大火煸香,加干辣椒、鸡块大火煸炒 10 分钟,加老抽翻炒至上色,加入啤酒大火煮沸,倒入高压锅大火压 8 分钟。

3. 锅内加油烧热,放入姜、蒜末、辣椒粉煸香,加入鸡块中火煸炒 1 分钟,入鸡精、盐、胡萝卜块翻炒均匀,出锅,撒香菜即可。

 技巧

烹调胡萝卜时,不要加醋,因为菜加热后,醋酸会大大破坏胡萝卜素,导致营养素流失。

 功效

胡萝卜含有大量胡萝卜素,有补肝明目的作用,可治疗夜盲症。

 小知识

"土匪鸡"非常讲究,首先是原料,湘西的鸡种为纯正土鸡,放养在山野,吃虫子和杂粮长大,肉质更香。如此,此道菜肴自然味美绝伦。

湘西土匪鸭

主料 鸭600克,青辣椒、红辣椒各60克,香菇(泡发)50克

辅料 八角、干辣椒、桂皮、花椒、鸡精、葱白段、盐、老抽、食用油、高汤各适量

做法

1. 鸭洗净,剁成块,下入沸水锅中氽去血水;香菇洗净,挤干水分备用;青辣椒、红辣椒洗净,切块。

2. 锅中加油烧至六成热,然后下入八角、桂皮、干辣椒、鸭块、香菇、青辣椒、红辣椒大火炒5分钟,再放入老抽炒至上色。

3. 倒入高汤煮约15分钟,至汤汁将干时,拣去八角、桂皮,加盐、鸡精炒至入味,撒上葱白段即可。

技巧

此菜以水鸭、子鸭入菜为最佳,水鸭的肉味清甜,子鸭则肉嫩味鲜。

功效

鸭肉中的脂肪酸熔点低,易于消化,其所含B族维生素和维生素E较其他肉类多,能有效抵抗脚气病。

小知识

这道菜流传于湘西乾城,选用当地水鸭为原料,佐各种香料烹制而成。其色泽红亮、香味浓郁,辣而不燥、肉质细嫩,食之有酣畅淋漓之感。相传此菜是从山上传下来,所以取名"土匪鸭"。

尖椒皮蛋

4. 往碗里加入适量的醋、酱油、盐、鸡精和蒜末，搅拌均匀后腌10分钟，食用时撒上葱花即可。

主料 生皮蛋3个，尖椒50克
辅料 蒜瓣、香菜、醋、鸡精、盐、酱油、葱各适量

做法

1. 香菜洗净切成段；蒜瓣拍扁去衣，剁成末；葱切葱花。

2. 把尖椒放到火上烤焦，烤好后放入冷开水中，去掉尖椒发黑的外皮和籽，放入冷开水中清洗干净，再将尖椒肉撕成条状，放入大碗里。

3. 洗净皮蛋放入锅里，注入水，水量以没过皮蛋为宜，加盖大火煮8分钟，熄火，取出皮蛋去壳，切成瓣放进碗里。

 技巧

烤尖椒时不宜用大火，以免将表皮烧煳，只需用小火慢慢将尖椒烤至变软起泡，能轻松去皮即可。

 功效

皮蛋经过了强碱的作用使蛋白质及脂质分解，变得较容易消化吸收，胆固醇也变得较少。

 小知识

铅、铜含量高的皮蛋，蛋壳表面的斑点会比较多，剥壳后也可看到蛋白部分颜色较黑绿或偶有黑点，不宜食用。

湘味小河虾

 主料 小河虾 400 克

辅料 食用油、盐、料酒、白醋、生抽、水淀粉、干辣椒、熟白芝麻各适量

做法

1. 小河虾洗净，加盐、料酒、水淀粉腌渍上浆；干辣椒洗净，切段。

2. 油锅烧热，放入小河虾炸至酥脆，盛出。

3. 锅内留油烧热，放入干辣椒炒香，倒入小河虾同炒片刻，调入白醋、生抽炒匀，起锅盛入盘中，撒上熟白芝麻即可。

 技巧

炸虾需要多油，且一定要把油温烧得高些再炸。

功效

虾中含有丰富的镁，镁对心脏活动具有重要的调节作用，能很好地保护心血管系统，减少血液中胆固醇含量，防止动脉硬化。虾还能增强人体的免疫力和性功能，补肾壮阳，抗早衰。

 小知识

虾主要分淡水虾和海水虾，常见的小河虾、青虾、草虾、小龙虾等为淡水虾。此菜虾肉肥嫩鲜美，不腥无刺，是滋补壮阳之佳品。

湘西酸肉

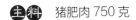 **主料** 猪肥肉 750 克

辅料 清汤、青蒜、食用油、盐、干辣椒、花椒粉、玉米粉各适量

做法

1. 猪肉刮洗干净，滤去水，切成约 50 克的大块，然后用盐、花椒粉腌 5 小时，再加适量的玉米粉、盐与猪肉拌匀，盛入密封的坛内，腌 15 天即成酸肉。

2. 将黏附在酸肉上的玉米粉扒干净，盛在瓷盘里，酸肉切成片；干辣椒切细末；青蒜切成 3 厘米长的小段。

3. 锅内放油，大火烧至六成热，放酸肉、干辣椒末煸炒 2 分钟，当酸肉渗出油时，扒在锅边，下玉米粉炒成黄色，再与酸肉合并，加清汤 200 毫升，焖 2 分钟，待汤汁稍干，放入青蒜炒几下，装入盘中即可。

 技巧

炒肉时要不断转勺、翻锅，一防粘锅，二防上色不均；清汤的量与锅中原料持平即可，过多的话味淡且不易收干。

功效

肥肉的主要成分是脂肪，含有人体需要的卵磷脂和胆固醇，有润肠胃、生津液等功效。

小知识

此菜是湘西苗族和土家族传统风味佳肴，味辣微酸，以湘西自治州所做最佳，故名；成菜色黄香辣，略有酸味，肥而不腻，浓汁厚芡，别有风味。

 技巧

鱼块要腌透，晾干；鱼块下锅煎时，注意掌握火候，以免烧煳，煎的时间也不要太长。

功效

草鱼肉性味甘、温、无毒，有暖胃和中之功效，且鱼肉所含的蛋白质都是完全蛋白质，容易被人体消化吸收。

小知识

湘味糍粑鱼口味咸辣、香气扑鼻，有"闻则臭、吃则香"之说，佐饭能增量、佐酒可转换口味，深受人们喜爱。

湘味糍粑鱼

 草鱼 400 克

 食用油、白糖、胡椒粉、料酒、老抽、香油、盐、姜末、干辣椒、熟白芝麻各适量

做法

1. 草鱼肉洗净，切块，加盐、白糖、胡椒粉、料酒、老抽、姜末腌制入味后，再将鱼块置于通风处晾至半干；干辣椒洗净，切段。

2. 锅中入食用油烧热，下入鱼块煎至两面金黄时盛出。

3. 再热油锅，入干辣椒炒香，注入少许清水以大火煮沸，倒入煎好的鱼块，以小火翻炒鱼块。

4. 起锅前以大火收干汤汁，淋入香油，盛盘后撒上熟白芝麻即可。

虎皮双椒

主料 青辣椒、红辣椒各 200 克

辅料 生抽、醋、盐、白糖、老干妈豆豉、鸡精、食用油各适量

做法

1. 青辣椒、红辣椒洗净,去蒂,将长的一分为二,待用。

2. 炒锅放火上烧热,不放油,将青辣椒、红辣椒放入,煸炒至辣椒变焦糊,在煸炒的时候要不时翻炒,让辣椒均匀受热,并且用炒勺不断按压辣椒,将辣椒的水分炒出来,使其变蔫。

3. 待辣椒变蔫,表面发白且有焦糊点时(注意火候,不要全糊),加油、生抽、盐翻炒后再加醋、白糖、鸡精、老干妈豆豉,炒匀即可。

 技巧

辣椒要选择个头较大、肉质较厚的,并根据口味选择不辣、微辣或者巨辣的品种;将辣椒的籽去掉可以减轻辣度,口感也更好。

 功效

辣椒中含有丰富的维生素 C、β-胡萝卜素、叶酸、镁及钾,辣椒中的辣椒素还具有消炎及抗氧化作用。

 小知识

此菜采用果皮坚实,肉厚质细而脆嫩新鲜的辣椒为原料,用小火煸炒而成,因煸炒后的辣椒表面纹路形似虎皮纹而得名。成菜外脆内软,辣味十足。

 技巧

　　麻鸭开膛去内脏后，不用水冲洗，直接砍成小块，这样能保证鸭肉鲜美。

功效

　　麻鸭具有补虚劳、滋五脏之阴、清虚劳之热等作用，适宜营养不良、产后病后体虚、盗汗、咽干口渴者食用。

小知识

　　此菜是永州地区的一种传统名菜，营养丰富，吃起来香甜、酸辣、嫩脆、鲜美，作料易找，炒法简单。

永州血鸭

 主料 麻鸭1只（约1000克），青辣椒、红辣椒各80克

 辅料 朝天椒、辣椒酱、姜片、八角、盐、鸡精、红油、蚝油、料酒、酱油、鲜汤、食用油各适量

做法

1. 麻鸭宰杀，洗净，砍成小块，留血备用；青辣椒、红辣椒切滚刀块；朝天椒切成细粒。

2. 炒锅热油，倒入鸭肉块煸炒，再下入八角、姜片、朝天椒粒和辣椒酱，随后掺鲜汤，调入盐、料酒和酱油，改小火焖烧至鸭肉软熟。

3. 净锅上火，放油烧热，投入青、红辣椒块炒香，倒入鸭肉，放入蚝油、鸡精调好味，待汤汁浓稠时倒入鸭血拌炒，淋红油即可。

洞庭金龟

主料 洞庭湖金龟1只（约500克），猪五花肉150克

辅料 冬笋、水发香菇、干辣椒、葱、姜、八角、桂皮、盐、白糖、胡椒粉、香菜、酱油、料酒、香油、食用油、鸡精各适量

做法

1. 龟宰杀去壳去骨，肉下开水烫过，除去薄膜，剁去爪尖，洗净沥水，切成块；猪肉切成片；冬笋切成尖片；香菇去蒂洗净，切半。

2. 锅内放油烧热，加葱、姜煸出香味，放龟肉、猪肉煸炒，烹入料酒、酱油，加桂皮、八角、干辣椒、盐、白糖和适量清水。

3. 煮沸后撇去泡沫，倒入炒锅，换小火煨1小时至龟肉软烂，再加入笋片、香菇、鸡精，撒上胡椒粉，淋入香油，盛入汤盆中，香菜盛入小碟同时上桌。

技巧

此菜煨制而成，加热时间较长，要将盖盖严，中途不可再加汤和调料，熟时再打开锅盖，方可食其原汁原味。

 功效

龟是一种高蛋白、低脂肪、营养丰富的高级滋补食品，具有极高的营养价值，有养阴补血、益肾填精、止血等功效。

小知识

洞庭金龟是湖南岳阳"味腴酒家"的汉族传统名肴。龟品种多样，有水龟、金线龟、泥龟元绪、金头龟，以个大、肉肥的活体为佳。此菜咸鲜香辣，汤稠肉红，醇厚浓郁，悠长隽永，是滋补佳品。

芙蓉鲫

主料 荷包鲫鱼 1 条（约 350 克），熟瘦火腿 1 根，鸡蛋清 50 克

辅料 胡椒粉、葱、姜、料酒、鸡汤、盐、鸡精各适量

做法

1. 鲫鱼清洗干净，斜切下头和尾，同鱼身一起装入盘中，加料酒和拍破的葱、姜，上笼蒸 10 分钟取出，头尾和原汤不动，用小刀剔下鱼肉。

2. 鸡蛋清打散，放入鱼肉、鸡汤、鱼肉原汤，加盐、鸡精、胡椒粉搅匀，将一半装入汤碗，上笼蒸至半熟取出，另一半倒在上面，上笼蒸熟，即为芙蓉鲫鱼，同时把鱼头、鱼尾蒸熟。

3. 将芙蓉鲫鱼和鱼头鱼尾取出，头、尾分别摆在芙蓉鲫鱼两头，拼成鱼形，撒上火腿末、葱即可。

 技巧

鲫鱼不可久蒸，以 10 分钟为度，蒸的时间过长，会肉死刺软，不易分离，鲜味尽失。

 功效

鲫鱼所含的蛋白质质优、齐全、易于消化吸收，是肝肾疾病、心脑血管疾病患者的良好蛋白质来源。

小知识

洞庭湖区盛产荷包鲫鱼，肥胖丰腴，形似荷包，质地细嫩，甜润鲜美，是鱼类中的上品；此菜即以荷包鲫鱼为主料，配以蛋清同蒸，味道鲜嫩，是湖南传统名菜。

 技 巧

　　烹调前，先把牛筋放到沸水中稍烫一下，可以很好地去除牛筋的腥味。

🐟 功效

　　牛筋中含有丰富的胶原蛋白质，脂肪含量也比肥肉低，并且不含胆固醇，食之对皮肤有很好的保养作用，且不用担心发胖。

小 知 识

　　湘辣牛筋制作过程较为简单，营养丰富，色泽红润，辣爽可口。湖南地区气候湿寒，用这道菜下酒，既美味有嚼劲，又能驱寒养生。

湘辣牛筋

主料 牛筋600克，红辣椒30克

辅料 葱、蒜瓣、水淀粉、食用油、鸡精、盐、香油、料酒、番茄酱、白糖各适量

做法

1. 牛筋倒入沸水中稍烫后捞出，切块；葱洗净，切长段，和辣椒、蒜瓣一起略拍。

2. 锅内放油烧热，放葱、辣椒、蒜瓣爆香，再放入牛筋、鸡精、白糖、料酒、番茄酱、盐、水，用小火焖煮40分钟，然后夹出葱、辣椒、蒜瓣，用水淀粉勾芡，淋上香油炒匀即可。

 技巧

　　温水中放入木耳，然后再加入2勺淀粉，搅拌，用这种方法可以去除木耳细小的杂质和残留的沙粒。

功效

　　木耳中铁的含量极为丰富，故常吃木耳能养血驻颜，令人肌肤红润，容光焕发，并可防治缺铁性贫血。

小知识

　　此菜为地道的家常湘菜，选用上好的鸡腿肉为主料，加木耳、姜片、胡萝卜等辅料煸炒而成，成菜肉质细嫩，姜香浓郁，营养丰富。

老姜鸡

 主料 鸡腿 500 克，木耳 100 克

 辅料 胡萝卜、胡椒粉、食用油、香油、姜、葱、鸡汤、水淀粉各适量

做法

1. 鸡腿剁成块，用开水焯好；姜切片；胡萝卜切片；葱切段。

2. 起锅放底油，投入鸡块煸炒，放木耳、姜片、胡萝卜片、葱段、胡椒粉、鸡汤小火焖 15 分钟。

3. 焖熟后，加水淀粉勾芡，淋明油、香油，出锅即可。

红煨方肉

主料 五花肉 1000 克

辅料 食用油、冰糖、酱油、甜酒原汁、盐、鸡精、葱、姜、桂皮各适量

做法

1. 五花肉放在火上燎过，用温水浸泡软，用小刀刮洗干净，下入汤锅煮一下，使肉收缩，改成块，在皮面上划上花刀，在肉的一面也剐上十字花刀，切勿把皮划破。

2. 锅内放油烧热，放葱、姜煸炒，放猪肉，用中火煸出油，放酱油煸至红色时再加入甜酒原汁、冰糖、盐、桂皮和水，煮沸之后，将肉放入垫竹箅的沙钵内（皮朝下），倒入煸肉原汤，盖上盖，用小火煨 1 小时至肉烂浓香。

3. 食用时，将肉连汤上火煮沸，撇去浮油，去掉葱、姜、桂皮，将肉翻扣盘内，再加鸡精把汁收浓，浇盖肉上，撒葱花即可。

 技巧

肉汤煮沸后，记得一定要撇去浮油，这样既可减少脂肪的摄入，又能保证菜品的外形美观和口感良好。

功效

猪肉中所含的花生四烯酸，有助于降低血脂水平；此菜有开胃、滋阴、润燥等功效。

小知识

湖南特产的甜酒是用糯米蒸熟加酒曲酿成。此菜颜色红亮，质地软烂，咸甜适度，肥而不腻，香浓味美，加入甜酒原汁，更添风味。

湖南小炒

主料 五花肉 350 克

辅料 食用油、盐、鸡精、豆豉酱、老抽、青辣椒、红辣椒各适量

做法

1. 五花肉洗净，切成薄片；青辣椒、红辣椒均洗净，对切开。

2. 锅中入食用油烧热，下入五花肉炒至出油后，调入老抽炒至上色。

3. 再下入青辣椒、红辣椒同炒至熟，调入盐、豆豉酱翻炒均匀，以鸡精调味，起锅盛入盘中即可。

食用油宁多不宁少，肥肉也可多放些，这样口味才厚重；青辣椒等一定要多翻炒，炒得太短会不够香。

功效

此菜能开胃健脾、促进消化，并能改善缺铁性贫血症状。

湖南小炒肉是湖南地区的传统名菜，以猪前腿肉、青辣椒等为食材；此菜香辣爽口、肉质鲜嫩、肉香浓郁，用来下酒下饭都是很好的选择，还很适合上班族带盒饭。

煎鱼的时候一定要有耐心，慢火慢焙，这样做好的鱼才会酥香味美。

 功效

鱼体内含有很多DHA，对人脑发育及智力发育有极大的助益，也是神经系统成长不可或缺的养分；吃鱼还有养肝补血、泽肤养发的功效。

小知识

浏阳火焙鱼因是毛主席生前爱吃的食品之一而名扬四海。其以新鲜鲫鱼为主要原料，改变传统使用盐渍的方法，而是将原料清洗去内脏后焙干再适度熏烤，不仅好吃，也便于携带和收藏。

浏阳火焙鱼

 鲫鱼 350 克

 食用油、盐、辣椒油、熟白芝麻各适量

做法

1. 小鱼洗净，沥干水分。

2. 锅置大火上烧热，刷上一层油，放入小鱼烤干烤熟定型，在放鱼的时候，可先放边上再放中间，并移动锅子以免烤煳，全部放完后改小火腊制。腊好的小鱼一定要等完全冷透，再用锅铲小心铲出。

3. 将腊好的小鱼放在架子上摊开，以木炭、米糠等熏至小鱼色泽金黄、水分全无。锅内入油烧热，放入小鱼，调入盐、辣椒油翻炒均匀，起锅盛入盘中，撒上熟白芝麻即可。

焦酥肉

 猪肉 300 克，鸡蛋 4 个，包菜 250 克，马蹄 100 克

 虾米、食用油、料酒、盐、鸡精、白糖、香油、面粉、冻豆腐、大葱、姜、五香粉、番茄酱、花椒粉、醋各适量

做法

1. 鸡蛋 3 个磕入碗内，加盐，放入烧热的油锅内，摊成蛋皮 2 张。

2. 猪肉洗净剁碎，加马蹄粒、虾米末、葱姜末、鸡蛋 1 个、面粉、料酒、鸡精、五香粉，搅拌成馅；包菜切成丝，加盐腌上。

3. 蛋皮切成半圆形，把肉馅用刀平刮在上面，滚成筒，稍按扁，再切斜片。

4. 锅内放油烧热，放肉卷，炸焦酥成金黄色，倒入漏勺沥油，再倒入锅内，撒花椒粉、葱花，淋香油，装盘；包菜丝挤干水分，放入番茄酱、白糖、醋拌匀，拼边即可。

技 巧

摊蛋皮时要用小火，将蛋液倒入，晃动锅，使蛋液薄薄地均匀覆盖满锅底，待蛋皮四边微微有些翘起时，轻轻翻个面，再略烘一下即可。

功效

马蹄中含的磷是根茎类蔬菜中较高的，有利于牙齿骨骼的发育。

小 知 识

马蹄生长在泥中，可能附着细菌和寄生虫，不宜生吃。

彭家羊柳

 主料 羊里脊400克，胡萝卜、蒜薹各100克，鸡蛋1个

辅料 蒜瓣、苏打粉、盐、食用油、鸡精、醋、料酒、酱油、玉米粉、黑胡椒粉、水淀粉各适量

做法

1. 羊肉切成筷子般粗、5厘米长的条状，加苏打粉腌半小时，再加鸡蛋、盐、鸡精、料酒、酱油、玉米粉搅拌均匀，腌半小时；胡萝卜切丝；蒜薹切段；蒜瓣切末。

2. 锅内放油300毫升，烧至六七成热，放羊肉炸至5分熟，待羊肉表皮变干即可捞出，沥干油。

3. 锅中留底油烧热，放胡萝卜丝、蒜薹、蒜末爆香，

加羊肉，加鸡精、酱油、醋，撒黑胡椒粉，用水淀粉勾芡，炒匀盛盘即可。

 技巧

羊里脊是紧靠脊骨后侧的小长条肉，纤维细长，质地软嫩，适于熘、炒、炸、煎等。

功效

羊肉性温，能增加消化酶，保护胃壁，修复胃黏膜，帮助脾胃消化，起到抗衰老的作用。

 小知识

此菜精选羊小里脊肉滑炒而成，成菜色泽丰富，味道鲜美，肉质嫩滑，味浓多汁，是极佳的爽口下饭家常菜。

血浆鸭

 鸭 1 只（约 1000 克）

 葱、胡椒粉、干辣椒、鸡精、蒜瓣、姜、盐、食用油、香油、料酒、酱油、鲜汤各适量

做法

1. 碗内装入料酒，把鸭宰杀，让鸭血流入碗内，搅匀，再将鸭子浸在沸水内烫一下，随即煺毛剖腹，挖出内脏，切成块。

2. 姜洗净，切成薄片；葱去根须，洗净，切小段；干辣椒斜切成长条；蒜瓣一切两半，一并放入碗内。

3. 炒锅放油，烧至七成热，倒入姜、葱、蒜瓣、干辣椒炒出香味，再倒入鸭块翻炒，至收缩变白，加料酒、酱油、盐再炒，然后加鲜汤，换小火焖10分钟。

4. 汤剩 1/10 时，淋鸭血，边淋边炒，使鸭块粘满鸭血，加胡椒粉、鸡精，略炒起锅，盛入盘中，淋上香油即可。

技巧

宰杀鸭子时刀不要离开血管，以使鸭血顺刀流入碗里。

功效

鸭肉中含有较为丰富的烟酸、B族维生素和维生素 E。

小知识

血浆鸭是湖南邵阳的一道名菜。据记载，战国时期一位巡视的楚太子，来到该地，地方官厨不知做什么来招待，只能就当地材料来制作。在炒制过程中，厨师无意中打翻了灶台盛放的鸭血碗，慌张而急迫的他只好将错就错，一顿乱炒，最后却获好评，并得以流传后世。

剁椒蒸鱼头

 大鱼头 1 个（约 600 克），剁椒 30 克

 尖椒、姜、油、盐、鸡精、豆豉、蚝油各适量

做法

1. 鱼头洗净，砍成两块，中间相连；尖椒、姜分别切粒。

2. 鱼头摆入碟中，将剁椒、尖椒粒、姜粒和其他调味料一起拌匀，铺在鱼头上面。

3. 将鱼头放入蒸笼内，用大火蒸约 10 分钟，取出即可。

蒸的过程中要用旺火，鱼肉才鲜香嫩滑；蒸制时间依鱼头大小掌握好，以蒸至鱼眼突出为宜。

 功效

鱼头营养高、口味好，对降低血脂、健脑及延缓衰老有好处；剁椒含蛋白质、脂肪油、糖类、胡萝卜素、维生素C、钙、磷、铁、镁、钾等。

 小知识

剁椒蒸鱼头又被称作"鸿运当头"、"开门红"。据说著名数学家黄宗宪曾为了躲避文字狱，逃到湖南，借住农户家。女主人将刚捞回的一条河鱼去头放盐煮汤，再将辣椒剁碎后与鱼头同蒸，黄宗宪食之赞不绝口，遂成这道名菜。

湖南辣肥肠

 主料 猪大肠 400 克

 辅料 高汤、盐、鸡精、胡椒粉、食用油、料酒、辣椒油、白醋、香油、红辣椒、蒜瓣、姜片、香菜叶各适量

做法

1. 猪大肠洗净，放入加有盐、白醋的沸水锅中煮熟后，捞出晾凉，切滚刀块；红辣椒洗净，切圈。

2. 油锅烧热，加入蒜瓣、姜片爆香后捞出，再放入猪大肠、红辣椒同炒片刻。

3. 掺入高汤煮沸，调入盐、鸡精、胡椒粉、料酒、辣椒油翻炒均匀，淋入香油，起锅盛入碗中，以香菜叶装饰即可。

 技 巧

肥肠里面的肥油不要全部去掉，将其炒至出油，能增加成菜的香味。

 功效

猪大肠有润燥、补虚、止血之功效。

 小 知 识

湖南辣肥肠是一道非常受欢迎的湘菜小炒，具有味道香辣、口感丰富、营养全面、下酒下饭的特点。只是烹饪过程中需要注意控制好火候，并调好味。

板栗烧鸡

 带骨鸡肉 500 克，板栗 120 克

辅料 料酒、酱油、上汤、水淀粉、鸡精、胡椒粉、香油、葱、姜、盐、食用油各适量

做法

1. 将净鸡剔除粗骨，剁成方块；板栗洗净滤干；葱切成段；姜切成薄片。

2. 锅内放油，烧至六成热，放板栗肉炸成金黄色，倒入漏勺滤油。

3. 锅内放油，烧至八成热，放鸡块煸炒至水干，加料酒，放姜片、盐、酱油、上汤焖 3 分钟。

4. 取瓦钵 1 只，用竹箅子垫底，将炒锅里的鸡块连汤一齐倒入，用小火煨至八成烂时，加板栗肉，

继续煨至软烂，再倒入炒锅，放入鸡精、葱段，撒上胡椒粉，煮沸，用水淀粉勾芡，淋入香油即可。

技巧

烹调板栗前，先将其放入沸水中焯三四分钟，再过油炸一下，这样既容易烧透又容易入味。

功效

板栗不仅含有大量淀粉，而且含有蛋白质、脂肪、B 族维生素等多种营养成分，素有"干果之王"的美称。

 小知识

板栗烧鸡作为传统的补益食品，利用板栗与鸡肉合烧而成。成菜咸鲜醇正，色泽红亮，能补脾胃、强筋骨、止泄泻，一般人群均可食用，老人、病人、体弱者更宜食用。

手撕包

 主料 包菜 500 克，红辣椒 20 克

辅料 花椒、蒜瓣、香菜、食用油、鸡精、生抽、盐各适量

做法

1. 包菜洗净，掰去老叶，撕成片状；红辣椒切碎，蒜瓣剁成末。

2. 烧热油，加入蒜末、红辣椒和花椒粒，改小火炒至香气四溢时，倒入包菜，开大火快炒至菜叶稍软，略呈半透明状，加入鸡精、生抽和盐炒匀入味。

3. 将炒好的包菜盛入盘中，放上香菜叶做点缀即可。

技巧

包菜遇热会出水，拌炒时不宜再加水，否则会冲淡麻辣之味，包菜也会不够鲜甜。

 功效

包菜富含吲哚类化合物、萝卜硫素、维生素 U、维生素 C 和叶酸，有壮筋骨、利脏器、祛结气、清热止痛等功效，特别适合动脉硬化、胆结石症患者及肥胖患者。

小知识

手撕包菜是最出名的湘菜之一，做法和选料都很简单，是将包菜用手撕成片状，以保持其原汁原味不流失，再用干辣椒和花椒爆炒而成。成菜红白相间、麻辣鲜香、爽脆清甜，让人食欲大增。

 技 巧

五花肉要切得薄而大块，这样才能更入味，且肥而不腻。

功效

猪皮蛋白质含量很高，对人的皮肤、筋腱、骨骼、毛发都有保健作用。

小 知 识

在湖南，扣肉绝对算是上档次的宴客大菜了。通常，家家户户都会在过年前做好一些扣肉，待客人来拜年的时候用于招待客人。平时，谁家有喜事摆喜酒的时候，扣肉也是酒席上不可缺少的大菜。

湘轩扣肉

 带皮五花肉 400 克，梅菜 50 克

 食用油、胡椒粉、白糖、料酒、老抽、盐、葱段、姜片、红辣椒碎、葱花、香菜叶各适量

做法

1. 带皮五花肉洗净，放入加有料酒、葱段、姜片的沸水锅中煮至六成熟，捞出沥水，在肉皮上抹上老抽；梅菜泡发，洗净切碎；将盐、胡椒粉、白糖、料酒、老抽兑成味汁。

2. 锅内加入食用油烧热，将五花肉肉皮朝下，入锅炸成棕红色、微起泡时捞出。

3. 将五花肉切大片，入碗，淋味汁，放上梅菜、红辣椒碎，入锅蒸约 50 分钟后取出，倒扣于盘中，撒上葱花、香菜叶即可。

湖南风鸡

 主料　母鸡 1200 克，时令青菜 50 克
 辅料　盐、花椒、料酒、葱、姜、香油各适量

做法

1. 母鸡宰杀，清洗干净；将花椒煸炒一下，与盐、料酒拌均匀，放在鸡身上反复揉搓；鸡腹内放适量盐，并沾满鸡身。

2. 将鸡置一器皿中，放在约 15℃的地方，每天翻一下，腌 7~8 天，然后取出抹干水分，把鸡翅撑起，用一空竹管插入肛门处，以便空气流通，然后挂在通风高处，至吹干水分为止。

3. 烹制前用盐水浸泡 30 分钟，再用清水将鸡内外洗净，加入葱、姜和料酒，上笼蒸熟后取出晾凉。

4. 食用时，将鸡肉去骨，撕成条或块摆入盘中，拌入时令青菜，淋些香油即可。

 技巧

　　风鸡要选择肉厚、油多的肥母鸡，否则风干后，只有皮和骨，食而无肉。

 功效

　　母鸡肉蛋白质的含量比例较高，种类多，而且消化率高，有增强体力、强身壮体等功效。

 小知识

　　风鸡以湖南所产最为著名，且极耐贮藏，一年不变质；此菜色白微黄，鲜香味美，凉菜上席，别有风味。

湘聚楼土

主料 土鸡 400 克

辅料 食用油、盐、胡椒粉、辣椒油、白醋、生抽、料酒、香油、红辣椒、姜、青蒜、高汤各适量

做法

1. 土鸡洗净，剁成小块，加盐、料酒腌制；红辣椒、青蒜均洗净，切段；姜去皮、洗净，切片。

2. 锅内注入食用油烧热，放入土鸡炒至变色后，加入姜片、红辣椒同炒。

3. 注入少量高汤以大火烧开，调入盐、胡椒粉、辣椒油、白醋、生抽，改用小火煮至入味，放入青蒜稍煮后，淋入香油，起锅盛盘即可。

技巧

鸡块在腌制时要反复抓匀，使之均匀入味；炒鸡肉时，动作要快，久了疲沓了就不好吃了；鸡肉要先炸熟再上色，炸至外焦里嫩颜色金黄为最好。

功效

鸡肉味甘，性微温，能温中补脾、益气养血、补肾益精，除心腹恶气。

小知识

此道菜肴为湖南特色菜，可作为伏天食补。民谚云："起伏吃只鸡，一年好身体。"每年盛夏季的三伏，湖南地区民间有吃鸡的习俗，其中又以头伏最隆重。

苦瓜酿

主料 苦瓜 750 克，猪肉（去皮）300 克，鸡蛋 1 个

辅料 食用油、冬菇、虾、蒜末、香菜、盐、酱油、鸡精、面粉、水淀粉各适量

做法

1. 苦瓜切成段，去瓤，用冷水煮熟后控干水；猪肉剁成泥，香菜去叶切成段。冬菇、虾切碎，加鸡蛋、面粉、水淀粉、盐调成馅，塞入苦瓜段，用水淀粉封两端。

2. 将酿好的苦瓜放入油锅炸至表面呈淡黄色时捞出，竖放在碗里，撒上蒜末，加酱油上笼蒸熟并翻扣盘中。

3. 将蒸苦瓜的原汁倒入油锅煮沸，加鸡精、水淀粉勾芡，粉调成味汁，淋在苦瓜上，撒上香菜段即可。

技巧

苦瓜要挑果瘤大、纹路直的，另外，如果苦瓜出现黄化，就代表已经过熟，果肉柔软不够脆，会失去苦瓜应有的口感。

功效

苦瓜中的苦瓜甙和苦味素能增进食欲，还含有蛋白质成分及大量维生素 C，能提高机体的免疫功能。

小知识

湖南人民喜食苦瓜，此菜为地道的湖南风味菜，也是一道药膳。成菜整齐美观，瓜翠肉红，微带苦味，有清心明目之效。

长沙腊牛肉

 牛肉（瘦）500克

 盐、白糖、五香粉各适量

做法

1. 切条：选用牛后腿肉，先割除油脂及肌肉间的白筋，再按肉纹切成长45厘米、厚1厘米的肉条。

2. 腌制：将配料拌匀，抹于肉条上，然后放入缸内，腌浸18小时（腌8小时后翻动一次），即可出缸。

3. 烘烤：出缸后，将腌牛肉条一端穿上麻绳，送入烘柜内烘烤17小时，即为长沙腊牛肉。

4. 食用：取适量脂牛肉条切成薄片，依个人喜好撒上熟辣椒粉等调味料稍加油炸即可。

 技巧

由于制作腊牛肉时加入了各种调料，因此在食用时不用加过多调料。

 功效

牛肉有补中益气、滋养脾胃、强健筋骨、化痰息风、止渴止涎等功效，适宜于中气下隐、气短体虚、筋骨酸软、贫血久病及面黄目眩之人食用。

 小知识

腊味是湘菜里面具有代表性的食材，其中长沙腊牛肉就是很典型的一道湘菜。腊牛肉选用的是湖南特有的原料，食用时先油炸最能显出其风味。

姜葱炒蟹

 主料 螃蟹2只（约600克）

 辅料 姜、料酒、白糖、盐、皱叶欧芹、葱、姜各适量

做法

1. 姜洗净切片，葱洗净切段，皱叶欧芹择洗干净备用，螃蟹洗净，切块。蟹壳汆烫后留用。
2. 锅内热油后爆香姜片，加入螃蟹拌炒至蟹肉变白，加入盐、白糖、料酒，转小火加盖焖煮。
3. 转大火翻炒至汁收干，盛入盘中，盖上蟹壳，再撒上皱叶欧芹作装饰即可。

 技巧

炒螃蟹油温不宜太高；下小料后，应加盖焖1分钟。

 功效

中医认为螃蟹有清热解毒、补骨添髓、养筋活血的作用。

 小知识

此菜取鲜活肉蟹即剥即炒，只加葱、姜等作料，这些作料不仅能使蟹的肉质更紧，更容易入味，且带出蟹的鲜美原味，成菜红绿相间，姜葱味浓郁，味道鲜美。

 技 巧

鸭肉腌制时，调料一定要抹匀，这样既可以去腥，还能让鸭肉更入味。

功 效

大蒜挥发油含量约 0.2%，油中主要成分为蒜瓣辣素，具有杀菌作用。

小 知 识

常德的钵子叫"一顿乱煮"。常言道，"常德钵子是个筐，什么都可装"。意即投料随意，调味随心。主料、配料、调料切配好，放入钵子里煮炖即可成菜，边煮边吃，越煮越香。

常 德 鸭 钵 子

主料 鸭 700 克

辅料 食用油、盐、白糖、老抽、白醋、辣椒油、料酒、香油、青米椒、红米椒、青蒜、蒜瓣、桂皮、八角、香叶各适量

做法

1. 鸭洗净，剁成块，加盐、料酒腌制；青、红米椒均洗净，切小段；青蒜洗净，切段；蒜瓣去皮、洗净；桂皮、八角、香叶用纱布包好，制成香料包。

2. 油锅烧热，放入鸭块翻炒片刻后盛出。

3. 再热油锅，入青、红米椒和蒜瓣炒出香味后盛出。

4. 另起一锅，注入适量清水烧开，放入香料包，加入鸭块，调入盐、白糖、老抽、白醋、辣椒油拌匀，再改小火煮约 30 分钟后，取出香料包，放入炒好的青、红米椒和蒜瓣同煮。

5. 待煮至鸭块熟透入味时，淋入香油，起锅盛入钵子中，撒上青蒜段即可。

百鸟朝凤

 嫩鸡1只（约600克），猪肉200克，面粉100克

 火腿、葱结、姜块、熟鸡油、料酒、盐、香油、鸡精各适量

做法

1. 鸡入沸水中氽一下，捞出洗净；取砂锅1只，用小竹架垫底，放入葱结、姜块、火腿，加清水2500毫升，在大火上煮沸，放入鸡和料酒，再沸时移至小火炖。

2. 猪肉剁成末，加水、盐、料酒、鸡精搅拌至有黏性，加香油拌制成馅料。

3. 面粉揉成面团，擀成20张小饺子皮放入馅料，包制成水饺并煮熟。

4. 待鸡炖至酥熟，取出姜块、葱结、火腿和蒸架，撇尽浮沫，加入盐，将水饺围放在鸡的周围，置火上烧沸，淋上熟鸡油即可。

技巧

嫩鸡选用1000克以下、1年以内的为佳。

功效

火腿内含丰富的蛋白质和适度的脂肪，十多种氨基酸、多种维生素和矿物质。

小知识

此菜主要食材是嫩鸡和猪肉，主要烹饪工艺是炖。成菜形如百鸟朝凤，色泽鲜艳，鸡烂脱骨，滋味香醇。

湘西外婆菜

主料 外婆菜 350 克，肉末、青辣椒、红辣椒各 60 克

辅料 蒜瓣、食用油、盐、鸡精各适量

做法

1. 将外婆菜洗净，青辣椒、红辣椒洗净、切圈，蒜瓣切碎备用。

2. 锅内入油，油温不能太高，放肉末炒至断生，加蒜炒香后加入外婆菜继续翻炒片刻。

3. 倒入半杯水，转小火焖 3 分钟左右，直至水被焖干，最后加入青辣椒、红辣椒和鸡精炒匀即可。

技巧

加入水然后焖的作用是使所有的原料更加入味，所以不要省略这道步骤。

功效

此菜开胃下饭，具有降血脂、软化血管、滋养容颜的功效。

小知识

外婆菜是湖南湘西地区一道家常菜，原料选用湘西土菜，以湘西传统的民间制作方法晒干放入坛内腌制而成，再加上肉泥、辣椒等炒制成菜，嚼之有劲，品之愈香，极具开胃效果。

家常湘菜

湘菜博采众长，兼收并蓄
通过吸收其他菜系的优点和烹饪技巧
经历代湘菜大师和湖湘儿女的不断改良、创新
创造出了各式制作简单、色香味美的新式湘菜
使得湘菜进一步成为深受大众喜爱的全民家常菜

 技巧

因腊肉偏咸，蒸制前先用沸水煮一下，可以去除咸味；腊肉本身油脂丰厚，因此蒸制过程中无须再放油。

功效

豆豉也是一味中药，风寒感冒、怕冷发热、寒热头痛、鼻塞喷嚏、腹痛吐泻者宜食。

小知识

豆豉作为家常调味品，可用于烹饪鱼肉时解腥调味；此道菜肴蒸过之后，腊肉不腻，而且有嚼劲，肉皮也特别好吃，非常下饭。

豆豉蒸腊肉

 腊肉 300 克，豆豉 30 克

 香菜适量

做法

1. 腊肉放入沸水锅中煮至回软后捞出，洗净，切片。

2. 将腊肉摆入盘中，放上豆豉，入锅蒸约 15 分钟后取出，以香菜叶装饰即可。

技 巧

肥牛片腌制过程中，注意盐不要放太多，因为后面放入的蚝油本身也有一定的咸味。

 功效

盐椒性温，能够通过发汗而降低体温，并缓解肌肉疼痛，具有较强的解热镇痛作用。

小 知 识

此道菜肴也可以把蚝油换成豆豉或者郫县豆瓣酱，这样又是另一种风味。

小炒肥牛肉

 肥牛片 350 克

 盐、食用油、料酒、蚝油、辣椒酱、香油、红辣椒、姜、蒜瓣各适量

做法

1. 肥牛片用盐、料酒腌制 10 分钟；红辣椒洗净，斜切成片；蒜瓣、姜均去皮，洗净，切末。

2. 油锅烧热，放姜末、蒜末、红辣椒爆香，放入肥牛翻炒至变色后，烹入料酒快速翻炒，调入蚝油、辣椒酱炒匀，淋入香油，起锅盛入盘中即可。

技巧

猪肉的肉质比较细，筋少，如横切，炒熟后会变得凌乱散碎；如斜切，则可使其不破碎，吃起来又不塞牙。

功效

猪肉性平味甘，有润肠胃、生津液、补肾气、解热毒的功效，对热病伤津、肾虚体弱、产后血虚等有一定的辅助治疗功效。

小知识

此菜有胃溃疡、食道炎、痔疮的人，以及阴虚火旺、经常便秘、长痤疮的人要慎吃；辣椒有祛湿的作用，在秋天等干燥时节也要少吃。

剁椒炒肉丝

主料 猪瘦肉 350 克，剁椒 50 克

辅料 食用油、盐、料酒、辣椒油、水淀粉、葱、香油各适量

做法

1. 猪瘦肉洗净、切丝，加盐、料酒、水淀粉腌制；葱洗净，切段。

2. 锅内加入食用油烧热，下入肉丝稍炒后，加入剁椒同炒片刻，再放葱段，调入辣椒油翻炒均匀，淋入香油，起锅盛入盘中即可。

 技 巧

一定要加适量鲜汤或水煮一会儿，这样才能让香干更入味。

功效

腊肉含有丰富的磷、钾、钠，还含有脂肪、蛋白质、碳水化合物等营养元素。

小 知 识

在湖南凤凰的土乡苗寨，有一种隔年熏腊肉的习惯，即将当年熏烤的腊肉，待立春后，从火炕上取下来，洗掉烟灰，擦掉油泥污垢，置于阴凉当风处晾干后，放入干燥的谷堆里。谷子可以吸收水分，因此腊肉既不会发霉，也不会腐烂，要吃时从谷堆里取出来即可。

腊肉香干钵

 主料　腊肉 250 克，香干 150 克

 辅料　盐、鸡精、食用油、生抽、辣椒油、香油、青米椒、红米椒、蒜瓣、葱、高汤各适量

做法

1. 腊肉放入沸水锅中煮至回软后捞出，洗净，切片；香干洗净，切片；青、红米椒均洗净，切小段；蒜瓣去皮、洗净；葱洗净，切段。

2. 锅置大火上，加入食用油烧热，放入腊肉煸炒出香味，加入香干、青米椒、红米椒、蒜瓣略为煸炒。

3. 注入适量高汤煮沸，并续煮片刻，调入盐、鸡精、生抽、辣椒油拌匀，出锅装入钵子内，撒上葱段，淋入香油即可。

技巧

干豆角一定要泡透，如果时间充裕，也可以换成用凉水来泡，这样泡发的效果更好；一定要将腊肉蒸至回油，才能达到入口即融的效果。

功效

豆角含丰富的维生素 B、维生素 C 和植物蛋白质，能使人头脑宁静，并能调理消化系统。

小知识

干豆角与腊肉搭配，干豆角可以吸收腊肉的油脂和独特风味，腊肉吃起来也不会腻口，两种味道相互交融，风味绝佳。

干豆角蒸腊肉

 腊肉 100 克，干豆角 80 克

 食用油、盐、辣椒粉、香油各适量

做法

1. 干豆角用温水泡发、洗净，切段；腊肉放入沸水锅中煮至回软后捞出、洗净，切片，将腊肉摆入碗底。

2. 锅内加入食用油烧热，下入干豆角炒香，调入盐、辣椒粉炒匀，起锅置于腊肉碗中，再注入少许清水，淋入香油。

3. 将备好的材料放入锅中蒸约 30 分钟后取出，倒扣于盘中即可。

臭豆腐烧排

 猪中排 500 克，臭豆腐 150 克

 青辣椒、红辣椒、食用油、盐、鸡精、蚝油、料酒、酱油、辣椒酱、豆瓣酱、姜、蒜瓣、红油、香油、水淀粉、鲜汤各适量

做法

1. 将排骨洗净，剁成段；青、红辣椒切滚刀块；姜切片；蒜瓣去蒂，放入六成热的油锅内稍炸后捞出备用。

2. 锅内放油，用大火烧至六成热，放臭豆腐，炸至外皮酥脆，内部熟透时倒入漏勺沥油。

3. 锅内留底油，放姜片炒香，加排骨，烹入料酒，煸炒至表面呈红黄色，加入盐、鸡精、蚝油、酱油、豆瓣酱、辣椒酱、鲜汤，大火煮沸，撇去浮沫，转

用小火烧至八成烂时，放入臭豆腐、蒜瓣和青、红辣椒块烧焖入味，然后用大火收浓汤汁，用水淀粉勾芡，淋香油、红油，出锅即可。

 技巧

臭豆腐可以对切成三角形，或者用筷子戳一个洞，方便入味。

功效

臭豆腐中富含植物性乳酸菌，含有高浓度的植物杀菌物质，以及大量的维生素 B_{12}。

 小知识

炸过的臭豆腐再回锅炸一下能够更干香，也适合跟排骨一起烧，成型好不易破碎；如果想让味道更加辛辣刺激的话，可以将青、红辣椒换成辣椒粉试试。

腊八豆蒸腊肉

 腊肉 250 克，腊八豆 100 克

 油、葱、辣椒粉各适量

做法

1. 腊肉放入沸水锅中煮至回软后捞出，洗净，切大片；葱洗净，切葱花。

2. 锅内放油，加入辣椒粉，将腊八豆稍炒香一下盛出，然后将腊肉片整齐地摆在盘中，放上腊八豆，淋入香油，入锅蒸约 30 分钟后取出，撒上葱花即可。

技巧

可以先用火烧焦腊肉皮，再用温水清洗干净、刮去焦味，口感会更好。

 功效

腊八豆含有丰富的营养成分，如氨基酸、维生素、功能性短肽、大豆异黄酮等生理活性物质等，是营养价值较高的保健发酵食品。

小知识

腊八豆是湖南省汉族传统小吃之一，腊八节节日食俗，已有数百年历史，民间多在每年立冬后开始腌制，至腊月八日后食用，故称之为"腊八豆"。

青蒜炒腊肉

主料 腊肉 200 克，青蒜 100 克，辣椒 50 克
辅料 香油、食用油、鸡精、白糖、料酒、豆瓣酱
各适量

做法

1. 腊肉放入锅中蒸 20 分钟，取出去皮切成薄片；青
   蒜切斜段；辣椒去籽后切片。
2. 将腊肉、青蒜一起放入开水中烫熟捞出。
3. 锅内放油烧热，放青蒜、辣椒拌均匀，再放腊肉及
   鸡精、白糖、料酒、豆瓣酱，用大火快速翻炒片刻，
   淋香油即可起锅。

 技巧

　　炒的时候，要少放油，因为炒腊
肉会出油；腊肉本身有盐味，炒青蒜
时就不用加盐了。

 功效

　　青蒜含有的辣素，具有醒脾气、
消积食的作用，还有良好的杀菌、抑
菌作用，能有效预防流感、肠炎等因
环境污染引起的疾病。

小知识

　　长时间保存的腊肉上会寄生
肉毒杆菌，对高温高压和强酸的耐
力很强，极易通过胃肠黏膜进入人
体，引起中毒。

腊三鲜

 腊鱼、腊鸭、腊鸡各 150 克，豆芽 100 克

 食用油、生抽、辣椒油、香油、青辣椒、红辣椒、葱各适量

做法

1. 腊鱼、腊鸭、腊鸡均用温水洗净，剁成块；豆芽去头、尾，洗净；青辣椒、红辣椒、葱均洗净，切细丝。

2. 将豆芽焯水后盛入碗中，摆上腊鱼、腊鸭、腊鸡。

3. 锅内加入食用油烧热，将热油淋在腊味上，再淋入生抽、辣椒油、香油，放入青、红辣椒丝和葱丝。

4. 将备好的材料放入锅中蒸约 20 分钟即可。

 技 巧

豆芽焯水是为了去除豆腥味，故时间不要太长，最好稍焯一下就出锅。

功 效

豆芽含有丰富的维生素 C、维生素 E、叶绿素等营养成分，具有养颜、预防肿瘤的功效。

 小 知 识

腊鸡是我国湖南地区的一种传统禽肉制品，最佳的腌腊时期是 10 月至翌年 1 月，此时段制成的腊鸡质量好，保存期长。此外，2 — 4 月也可加工制作，但质量欠佳，保存期较短。

技巧

步骤2中油不要放过多，只要能炒散、不粘锅就好；油温不要过热，如果过热就变成了炸，那样会影响回锅肉的口感。

功效

黑木耳具有滋养脾胃、益气强身、舒筋活络、补血止血、活血抗凝之功效。

小知识

此道菜肴的辅料选择蒜薹、青蒜都可以，但以青蒜最佳。一是青蒜有绿有白，回锅肉是红亮的，两者搭配起来最为赏心悦目；二是青蒜鲜香脆嫩，爽口不腻，是其他食材无法比拟的。

回锅肉

 熟猪肋条肉250克

 食用油、干辣椒、黑木耳、青蒜、料酒、酱油、白醋、白糖、辣椒酱、盐、鸡精、葱片各适量

做法

1. 干辣椒、黑木耳用清水泡至回软，洗净；青蒜洗净，切段备用。

2. 猪肉切成长方形薄片，下入五成热的油中滑散滑透，倒入漏勺。

3. 炒锅上火烧热，加油，用葱片炝锅，烹料酒，加入辣椒酱、白醋、白糖、酱油、盐、鸡精，再下入肉片、干辣椒、黑木耳、青蒜，煸炒入味，淋明油、撒上葱片即可。

雪里红炒鸡

 鸡肉、腌雪里红各 100 克，青豆 50 克
 红辣椒、酱油、料酒、食用油、淀粉、鸡精
各适量

做法

1. 雪里红洗净；毛豆去皮，洗净；红辣椒切末。

2. 鸡肉洗净，切丁，放入碗中加酱油、淀粉拌匀，
   腌 15 分钟。

3. 锅中放油烧热，依次放入红辣椒、青豆炒香，加
   入鸡肉丁及雪里红炒熟，再加入鸡精、料酒炒匀
   即可。

 技 巧

腌渍鸡肉时，可以加少许凉开
水，以便让腌料稀释，这样鸡肉不容
易粘连；同理，鸡肉丁炒的过程也要
迅速，以免粘锅。

🐟 功效

雪里红含有大量的抗坏血酸，能
增加大脑中氧含量，激发大脑对氧的
利用，有醒脑提神、消除疲劳的作用。

小 知 识

雪里红因比较抗寒，霜打之
后部分可变成红色而得名，通常
做成腌菜，我国南北方都有吃雪
里红的习惯。

家常湘菜

 技巧

　　腊肉煸炒时，要注意火候的控制，而且一定要炒至腊肉出油，这样口感就不会很油腻；香干和腊肉本身已有一定的咸味，所以放盐的量要把握好。

功效

　　香干含有多种矿物质，可补充钙质，防止因缺钙引起的骨质疏松，促进骨骼发育，对小儿、老人的骨骼生长极为有利。

小知识

　　香干中钠的含量较高，糖尿病、肥胖或其他慢性病（如肾脏病、高血脂）患者应慎食。

腊味香干

 主料　腊肉 300 克，香干 200 克

 辅料　青蒜、辣椒、盐、酱油、食用油各适量

做法

1. 腊肉洗净，切成薄片；香干洗净，切成片；青蒜洗净，切段；辣椒洗净切片。

2. 锅中加水烧沸，放入香干，焯水至熟软后，捞出沥净水分。

3. 锅中加油烧热，放入腊肉，炒至吐油出香后，再放入青蒜、辣椒、香干，炒至辣椒熟，加酱油、盐调味即可。

茭白炒肉片

 肉片、茭白各 200 克

 盐、料酒、油、酱油、姜、葱各适量

做法

1. 肉片用盐、料酒腌制 15 分钟待用；茭白洗净，去皮去根切片。

2. 锅中放底油，加热，加姜片爆香一下，倒入腌制好的肉片煸炒至发白，然后加入酱油、料酒煸炒几下，盛盘待用。

3. 锅中放油烧热，加入茭白用大火加盐煸炒至发软，再倒入肉片，炒匀，撒葱花，装盘即可。

 技巧

茭白要炒出水分，软软的，有点微焦才好吃；肉片提前腌制一下是为了更好地入味，加点料酒可以去腥。

功效

茭白含有丰富的维生素等营养物质，有解酒醉的功用；茭白还能退黄疸，对于黄疸型肝炎有一定的辅助治疗作用。

 小知识

茭白色黄白或青黄，肉质肥嫩，纤维少，蛋白质含量高，是我国的特产蔬菜，由于其质地鲜嫩，味甘实，被视为蔬菜中的佳品，与荤菜共炒，其味更鲜。

口味肥

主料 肥肠 500 克，红、青辣椒各 30 克

辅料 干辣椒、鲜汤、豆瓣酱、辣椒酱、料酒、食用油、红油、盐、鸡精、蚝油、酱油、香油、八角、桂皮、葱、姜、蒜瓣各适量

做法

1. 将肥肠洗干净，放入冷水锅内，加入料酒煮至熟透，捞出沥干水分，晾凉后切成条；青、红辣椒去蒂，切滚刀块；蒜瓣对切，葱切成段，姜切片。

2. 锅内放油，大火烧热，放肥肠，炒干水分，加料酒、盐、鸡精、蚝油、酱油煸炒入味，加鲜汤、八角、桂皮、干辣椒，大火煮沸，撇去浮沫，换小火焖至肥肠软烂，去八角、桂皮、干辣椒。

3. 锅内放红油，大火烧至五成热，下蒜瓣、姜片炒香，放辣椒酱、豆瓣酱炒散，放肥肠和青、红辣椒块，加盐、鸡精，翻炒，淋香油即可。

 技巧

肥肠里面的肥油不要去掉，这样成菜口味更醇厚；肥肠要煸至出油，才能下入鲜汤煨制，否则香味会大减。

功效

肥肠含有适量的脂肪，有润肠、去下焦风热、止小便数等功效。

小知识

此菜在湖南、江西等地非常流行，肥肠劲道十足，色泽红亮，质地软烂，滋味鲜香，不老不嫩，又辣又香，回味悠长，绝对是米饭的超级杀手。

腊味山野菜

 蔬菜 300 克，腊肉 150 克

 食用油、盐、鸡精、白醋、生抽、干辣椒各适量

做法

1. 蕨菜、干辣椒均洗净，切段；腊肉放入沸水锅中煮至回软后捞出，切条。

2. 锅置火上，放油烧热，放入干辣椒稍炸后，加入腊肉煸炒片刻。

3. 再放入蕨菜同炒至熟，调入盐、鸡精、白醋、生抽稍炒至入味后，起锅盛入盘中即可。

 技巧

新鲜的蕨菜可以直接烹饪，也可以先放入沸水中焯煮 2 分钟；焯过水的蕨菜不宜炒太久，否则水分流失过多，会影响口感。

🐟 功效

蕨菜性味、甘寒，具有清热、健胃、滑肠、降气、祛风、化痰等功效，对食隔、气隔、肠风热毒等症有一定的辅助治疗功效。

 小知识

蕨菜素有"山菜之王"的美誉，是不可多得的山野美味。腊肉炒蕨菜这道菜，质地软嫩、清香味浓，营养丰富。

农家拆骨肉

主料 猪大骨 400 克

辅料 盐、食用油、老抽、辣椒油、红辣椒、青蒜各适量

做法

1. 将猪大骨洗净，放入锅中煮至六成熟后，取出，晾凉后将肉拆下来备用；红辣椒洗净，切圈；青蒜洗净，切小段。

2. 锅中放油烧热，下入拆骨肉煎至表面微黄后，捞出沥油。

3. 锅内留油烧热，加入红辣椒炒香，再倒入拆骨肉一起炒匀，放入青蒜，调入盐、老抽、辣椒油翻炒，起锅盛入盘中即可。

 技巧

因为要用瘦肉来制作这道菜，所以选购时要选瘦肉多一些的骨头；从骨头上拆肉的时候，一定注意不要把骨头渣子混入肉里，不然吃的时候很容易伤到牙齿。

功效

猪肉含有丰富的蛋白质及脂肪、碳水化合物、钙、磷、铁等营养成分，可滋肝阴，润肌肤，利二便和止消渴。

 小知识

猪肉烹调前莫用热水清洗，因为猪肉中含有一种肌溶蛋白，用热水浸泡容易流失，同时口味也欠佳。

小红辣椒炒腊牛肉

主料 腊牛肉 300 克

辅料 鸡精、食用油、辣椒油、生抽、白醋、香油、红辣椒、青蒜各适量

做法

1. 腊牛肉用温水泡洗，去部分咸味后切片；红辣椒洗净，切圈；青蒜洗净，切小段。

2. 锅内入油烧热，放入牛肉稍炒后，加入红辣椒、青蒜同炒。

3. 调入辣椒油、生抽、白醋炒匀，以鸡精调味，淋入香油，起锅盛入盘中即可。

技巧

切腊牛肉时，一定要顶刀切，切片要薄而均匀，这样才容易炒熟，也更入味。

 功效

牛肉富含蛋白质，氨基酸组成比猪肉更接近人体需要，能提高机体抗病能力，对生长发育及术后、病后调养的人在补充失血、修复组织等方面特别适宜。

牛肉与白酒同食，会使牙齿发炎；此菜红、绿、褐三色搭配，牛肉柔韧，青蒜爽口，红辣椒辛辣，三种味道融合，香辣味浓。

冬笋炒腊牛肉

主料 腊牛肉 250 克，冬笋 100 克，红辣椒、青蒜各 50 克

辅料 盐、香油、酱油、食用油各适量

做法

1. 腊牛肉洗净，切成段，盛入瓦钵内，上笼蒸 1 小时后取出，横着肉纹切薄片；冬笋切成与腊牛肉大小的片。

2. 红辣椒洗净，去蒂去籽，切成小片，青蒜切成段。

3. 锅内放油大火烧至六成热，放冬笋片煸出香味，加辣椒炒几下，加盐、酱油再炒几下，然后扒至锅边，放入腊牛肉急炒 30 秒钟，再下青蒜、冬笋片、辣椒一并炒匀，盛入盘中，淋香油即可。

技巧

牛肉的纤维组织较粗，结缔组织又较多，应横切，将长纤维切断，不能顺着纤维组织切，否则不仅没法入味，还嚼不烂。

 功效

牛肉含有大量的蛋白质、脂肪、维生素 B_1、维生素 B_2、钙、磷、铁等成分，有补脾益气、养血强筋等功效。

小知识

冬笋是立秋前后由毛竹（楠竹）的地下茎（竹鞭）侧芽发育而成的笋芽，因尚未出土，笋质幼嫩，是做菜的理想食材。

 技巧

买回来的牛肉可以先用清水浸泡一下，并放入几颗花椒或几片姜，有较好的去腥、催嫩的效果。

 功效

中医认为牛肉有补中益气、滋养脾胃、强健筋骨、化痰息风、止渴止涎的功能，适用于中气下陷、气短体虚、筋骨酸软和贫血久病及面黄目眩之人食用。

小知识

牛肉味道鲜美，受人喜爱，享有"肉中骄子"的美称；寒冬食牛肉，有暖胃作用，故此菜为寒冬补益佳品。

红烧牛肉

主料 牛肉 500 克

辅料 盐、白糖、食用油、老抽、陈醋、姜片、八角、桂皮、香叶、红辣椒、青蒜各适量

做法

1. 牛肉洗净，放入沸水锅中氽去血水后捞出，晾凉后切块；红辣椒、青蒜均洗净，切段；八角、桂皮、香叶用纱布包好，制成香料包。

2. 锅中放油烧热，下入姜片爆香后捞出，再入牛肉炸约 3 分钟后盛出。

3. 锅内留油烧热，入红辣椒爆香后盛出。

4. 另起一锅，注入适量清水烧开，放入香料包，加入牛肉，调入盐、白糖、老抽、陈醋拌匀，以中火烧约 60 分钟后，去除香料包，加入炒好的红辣椒，续烧 30 分钟，待烧至牛肉熟烂入味、汤汁浓稠、汤色深红时，起锅盛入碗中，撒上青蒜即可。

技巧

牛蹄筋汆水的时间不要太长，这一步只是初步软化蹄筋，为后面的炖煮打好基础。如果煮得太软烂，后面再煮制的话，蹄筋很容易散掉，影响口感。

功效

牛蹄筋含有丰富的胶原蛋白，其脂肪含量也比肥肉低，并且不含胆固醇，能加速细胞生理代谢，使皮肤更富有弹性和韧性，延缓皮肤的衰老。

小知识

牛蹄筋是牛的脚掌部位的块状筋腱，就像拳头一样，一个牛蹄只有 500 克左右；牛蹄筋分为许多种，牦牛最好，黄牛次之，最次的是水牛。

红烧牛蹄筋

主料 牛蹄筋 400 克

辅料 盐、食用油、料酒、老抽、辣椒油、红油、香油、淀粉、姜片、葱段、青蒜、蒜瓣、红尖椒、高汤各适量

做法

1. 牛蹄筋洗净，加入沸水锅中汆水后捞出，切成段；青蒜、红尖椒均洗净，切段；蒜瓣去皮，洗净。

2. 油锅烧热，下入姜片、葱段爆香后捞出，放入红尖椒、蒜瓣炒香，加入牛蹄筋翻炒，注入适量高汤，以大火烧至沸腾。

3. 调入盐、料酒、老抽、辣椒油、红油，改小火烧约 20 分钟，放入青蒜，以水淀粉勾芡，淋入香油，起锅盛入碗中即可。

双椒肚片

 技巧

猪肚应先用高压锅将其压透,否则不易炒烂,会嚼不动。

主料 猪肚300克,红辣椒、青辣椒各30克

辅料 食用油、香醋、香油、盐、胡椒粉、鸡精、葱、蒜瓣、姜各适量

🐟 **功效**

猪肚含有蛋白质、脂肪、无机盐类等成分,蛋白质含量是猪肉的两倍多,且脂肪含量少。

做法

1. 猪肚洗净后从中间剖开,放入姜块、香醋、水,再放入高压锅内压约15分钟后取出沥水。

2. 辣椒去蒂、去籽后洗净切片;蒜瓣、姜洗净切片;葱洗净切段;猪肚切片。

3. 锅内放油烧热,放入姜片、蒜片爆香,加入猪肚炒熟,放辣椒片、葱段、胡椒粉、香油、盐和鸡精调匀,拌炒均匀即可。

 小知识

猪肚可以用面粉先充分揉抓,这样能有效吸附肚壁内的黏液和腥味;也可以在高压锅中放入几颗花椒,同样可去除异味。

香菜牛肉丝

 主料 里脊肉 450 克，香菜 100 克

辅料 盐、鸡精、淀粉、食用油、白糖各适量

做法

1. 香菜洗净，摘除叶片，切段；牛里脊肉洗净、切丝，放入碗中加入所有调料腌几分钟。

2. 锅内倒入食用油烧热，放入牛肉丝快炒，立即捞出。

3. 锅中留适量底油继续烧热，爆香香菜，放入牛肉丝以大火煸炒至干，拌匀即可。

技巧

在切牛肉丝时，最好是横着牛肉纤维下刀，这样炒出来的牛肉口感更鲜嫩。

功效

香菜辛香升散，能促进胃肠蠕动，具有开胃、醒脾、消郁的作用，香菜还可止痛解毒。

小知识

香菜中含有许多挥发油，其特殊的香气就是挥发油散发出来的，能祛除肉类的腥膻味，因此在一些菜肴中加些香菜，能起到祛腥膻、增味道的独特功效。

辣椒炒五花肉

料　去皮五花肉 400 克，辣椒 100 克

料　盐、鸡精、酱油、食用油、香油各适量

做法

1. 将五花肉洗净切成小薄片，用酱油腌好；新鲜的辣椒洗净切片。

2. 锅内放少许油，烧热，放入腌好的五花肉，炒熟后均匀置于盘内。

3. 重新起锅，将辣椒炒至断生时，再放入食用油，用大火炒，然后再倒入刚刚炒熟的五花肉，加盐、鸡精，拌入少许香油，搅匀即可。

 技巧

　　此菜关键是要让辣椒、油以及五花肉的味道互相渗透，所以最后一道工序最为重要。

 功效

　　辣椒含有一种特殊物质，能加速新陈代谢，促进荷尔蒙分泌，富含维生素 C，有解热、镇痛、增加食欲、帮助消化等功效。

 小知识

　　这道菜有点像尖椒回锅肉，但是又没有回锅肉的用料丰富，也可以根据个人喜好，放一点豆豉，这样成菜会别有风味。

糖醋排骨

主料 猪排骨 500 克

辅料 葱段、姜末、酱油、食用油、白糖、醋、料酒、盐各适量

做法

1. 将排骨洗净剁成 4 厘米长的段，用开水汆一下，捞出放盆内，加入盐、酱油腌入味。

2. 炒锅放油烧至六成热，下排骨炸至淡黄色捞出；油温加热至八成，再下锅炸至金黄色捞出。

3. 炒锅留少许油烧热，下入葱段、姜末爆香，加入适量清水、酱油、醋、白糖、料酒，倒入排骨，煮沸后用小火煨至汤汁浓、排骨熟，淋上熟油，拣去葱段即可。

技巧

也可以选用熟猪油来炸排骨，这样味道会更鲜。

功效

排骨含有丰富的骨黏蛋白、骨胶原、磷酸钙、维生素、脂肪、蛋白质等营养物质，有润肺生津、滋阴、调味、除口臭、解盐卤毒等功效。

小知识

糖醋排骨是湘菜中具有代表性的一道大众喜爱的家常菜，它选用新鲜猪子排，肉质鲜嫩，成菜色泽红亮油润，口味香脆酸甜，颇受欢迎。

烧二冬

 冬笋 300 克，冬菇 100 克

 食用油、盐、料酒、老抽、水淀粉、香油、蒜瓣、葱、高汤各适量

做法

1. 冬菇泡发，去蒂，洗净，切块，入沸水锅中焯水后捞出；冬笋剥去外壳、洗净，切片，焯水后捞出；蒜瓣去皮，洗净，切片；葱洗净，切葱花。

2. 锅内放油烧热，放入蒜片炒香，倒入冬菇、冬笋翻炒片刻。

3. 注入少量高汤煮沸，调入盐、料酒、老抽炒匀，以水淀粉勾芡，淋入香油，起锅盛入盘中，撒上葱花即可。

技巧

冬菇是干制品，食用前必须泡浸充分，然后清洗干净。

功效

冬菇是很好的保健食品，对防治感冒、降低胆固醇、防治肝硬化和抗癌有一定的作用。

小知识

切冬笋有个方法：先把笋立起来中间劈成两半，再把笋放平，顺着纹路中间拦腰切成两半，再横过来切片，这样切出来的片比较整齐。

香干牛肉

 技巧

炒牛肉的时间不能长，否则肉丝不鲜嫩。

主料 牛肉、五香豆干各 200 克

辅料 青辣椒、红辣椒、淀粉、料酒、酱油、食用油、盐、白糖各适量

 功效

豆腐干含有卵磷脂，它可以除掉附在血管壁上的胆固醇，防止血管硬化，预防心血管疾病。

做法

1. 豆干洗净切丝；青辣椒、红辣椒分别去蒂、洗净，切丝备用；牛肉洗净切丝。

2. 把牛肉丝放入碗中，加入酱油、料酒、淀粉、食用油拌匀，腌 10 分钟，再放入油锅中炒至七成熟，盛出。

3. 锅内放油烧热，放入豆干、青辣椒、红辣椒略炒，加入盐、酱油、白糖炒至入味，最后加入牛肉丝炒匀，出锅即可。

小知识

香干中富含钙质，不宜与含有大量草酸的菠菜、葱等同食，否则会造成钙质流失。

芹菜炒黄牛肉

主料 黄牛肉 300 克，芹菜 150 克，鸡蛋清 50 克

辅料 泡椒水、红尖椒、食用油、盐、鸡精、酱油、蒜瓣、香油、淀粉、嫩肉粉各适量

做法

1. 黄牛肉去筋膜，切成 0.2 厘米厚的片，加嫩肉粉、酱油、盐、鸡精、蛋清、水淀粉上浆入味；红尖椒、芹菜均切成米粒状，蒜瓣切末。

2. 锅内放底油，烧热后下牛肉，炒至八成熟时，出锅装入碗内待用。

3. 锅内放底油，下蒜末、红尖椒、芹菜炒香，倒入泡椒水，放入牛肉，加盐、鸡精翻炒均匀，淋香油，出锅装盘即可。

技巧

要选用黄牛肉，因为黄牛肉的肉质比较细嫩，肉味鲜美，口感要比水牛肉好。

功效

芹菜含铁量较高，能补充妇女经血的损失，是缺铁性贫血患者的佳蔬，食之能避免皮肤苍白、干燥、面色无华，而且可使目光有神、头发黑亮。

小知识

黄牛肉具有高蛋白、低脂肪的特点，有利于防止肥胖，所以在西方发达国家也深受欢迎，炸牛排、番茄牛肉汤是西餐中的常备菜肴。

孜然牛肉

 技巧

此菜在煸炒时不宜放太多液体状辅料，否则会影响成菜风味。

主料 牛肉 300 克

辅料 干辣椒、葱、姜、花椒、孜然、食用油、香油、高汤、料酒、辣椒粉、五香粉、盐、鸡精各适量

 功效

孜然具有醒脑通脉、降火平肝等营养功效，能祛寒除湿、理气开胃、祛风止痛。

做法

1. 葱、姜切成末；牛肉去筋，漂净血水后切成薄片，用盐、料酒、姜、葱腌 15 分钟。
2. 锅内放油烧至五成热，倒入牛肉片，炸至酥香捞出。
3. 锅内留底油，放入干辣椒、花椒翻炒出香味，然后下牛肉片炒匀，加高汤、料酒、五香粉，煮沸后放入辣椒粉、孜然炒香，放入鸡精、香油，翻炒均匀至熟即可。

小知识

老年人将牛肉与仙人掌同食，可起到止痛、提高机体免疫能力的效果；牛肉加红枣炖服，则有助肌肉生长和促进伤口愈合。

蒜薹炒香干

 主料　蒜薹 250 克，香干 200 克

 辅料　红辣椒、椒盐、鸡精、食用油各适量

做法

1. 香干洗净，切成条形；蒜薹洗净，切段；辣椒洗净，切跟蒜薹一样长的段。

2. 锅中放油烧热，放入蒜薹煸炒至翠绿色时，放入香干翻炒，加椒盐继续炒一会儿后加辣椒炒至熟，加鸡精调味，出锅即可。

 技巧

　　蒜薹炒的时间长了会软烂，因此以大火略炒至蔬菜香气逸出并均匀受热即可，以保证其清爽的口感。

 功效

　　蒜薹富含蛋白质、脂肪、碳水化合物、膳食纤维，可美容养颜，乌发护发。

 小知识

　　蒜薹是一种维生素含量丰富的植物，其营养价值很高，但消化能力不佳的人最好少食蒜薹；过量食用蒜薹还可能会影响视力。

剁椒臭豆腐

 技巧

　　臭豆腐和剁椒本身都带有咸味，因此烹制过程中可不再放盐。

主料 臭豆腐 500 克，剁椒 30 克

辅料 泡椒、香油、香菜、葱、蒜瓣、食用油各适量

 功效

　　臭豆腐中富含植物性乳酸菌，有很好的调节肠道及健胃的功效。

做法

1. 臭豆腐切成块，装盘备用；香菜、葱洗净，切段；蒜瓣去皮，洗净，切片。
2. 油锅烧热，下入蒜片、泡椒、剁椒、葱段一起翻炒 1 分钟。
3. 起锅浇盖在臭豆腐上，再上锅蒸约 10 分钟，出锅后撒上香菜、淋上香油即可。

小知识

　　臭豆腐"闻着臭"是因为豆腐在发酵腌制和后发酵的过程中，其中所含的蛋白质在蛋白酶的作用下分解，所含的硫氨基酸也充分水解，产生一种叫硫化氢的有刺鼻臭味的化合物。

技巧

鹅肠有鲜品和冷冻两种。冷冻鹅肠最好带包装放入冷水中，让其自然解冻，千万不要用热水或者是温水解冻。

功效

鹅肠富含蛋白质、B族维生素、维生素C、维生素A和钙、铁等微量元素，对人体新陈代谢，神经、心脏、消化和视觉的维护都有良好的作用。

小知识

黄瓜皮是湖南常见的腌菜，将新鲜黄瓜剖开切成长条状，去掉内囊，放在太阳底下晒蔫后收回，撒盐轻轻地揉搓均匀，放到坛子里密封2~3天，自然发酵后取出晒干再揉匀装进坛子封上口即可。

黄瓜皮炒鹅肠

主料 鹅肠300克，黄瓜皮100克

辅料 盐、食用油、鸡精、料酒、白醋、香油、葱、红辣椒各适量

做法

1. 黄瓜皮用温水泡发、洗净，切段；鹅肠洗净，切段，放入加有料酒的沸水锅中余水后捞出；葱洗净，切段；红辣椒洗净，切条。
2. 锅内放油烧热，下入鹅肠稍炒后，加入黄瓜皮、红辣椒翻炒均匀。
3. 调入盐、鸡精、料酒、白醋炒匀，放入葱段稍炒后，淋入香油，起锅盛入盘中即可。

盐水牛肉

主料 牛腱子肉 500 克

辅料 香菜、盐、葱、姜、白糖、花椒、料酒、香油各适量

做法

1. 牛腱子肉用盐、白糖、花椒腌上（冬季一星期，夏季 3 天，其中翻动 2 次），取出后洗净；香菜摘洗干净；葱、姜拍破。

2. 锅内放牛腱子肉以及葱、姜、料酒和适量的水（以没过牛肉为准）煮到七成烂为止，捞出晾凉，刷上香油。

3. 食用时，切薄片摆盘，淋香油，撒香菜即可。

 技巧

腌制牛肉时腌料要尽量涂抹均匀，较厚的部分可用刀划开，以便更好地入味。

 功效

牛肉富含蛋白质，能提高机体抗病能力，对生长发育及术后、病后调养的人在补充失血、修复组织等方面特别适宜。

小知识

牛腱子肉是牛腿部位的肉，其外观呈长圆柱形状，有肉膜包裹，内藏筋，硬度适中，纹路规则，最适合卤味。

剁椒爆猪

 猪心 500 克，鲜木耳 100 克

辅料 料酒、生抽、鸡精、水淀粉、白糖、食用油、剁椒、陈醋、盐、葱、姜、蒜瓣各适量

做法

1. 猪心洗净，切成薄片，加入料酒、生抽、鸡精、水淀粉和白糖抓匀，腌制 30 分钟。

2. 鲜木耳洗净，撕碎；葱切段，分出葱白和葱青；姜、蒜瓣均切片。

3. 锅内放油烧热，炒葱白、姜片和蒜片，放猪心、木耳，大火爆炒 2 分钟至猪心变色。

4. 加剁椒、陈醋、生抽、鸡精、盐和清水炒匀煮沸，撒入葱青段炒匀，用水淀粉勾芡即可。

 技巧

　　剁椒本身有咸味，故用来给猪心调味时盐不宜多放，否则成菜会过咸。

 功效

　　猪心含有蛋白质、脂肪、钙、磷、铁、维生素 B_1、维生素 B_2、维生素 C 以及烟酸等营养物质，可补虚，养心，安神。

 小知识

　　猪心通常有股异味，如果处理不好，菜肴的味道就会大打折扣。可在买回猪心后，立即在少量面粉中"滚"一下，放置 1 小时左右，然后再用清水洗净，这样烹炒出来的猪心味美纯正。

椒爆牛心顶

主料 牛心顶 350 克,红辣椒、青辣椒各 50 克

辅料 食用油、姜、水淀粉、香油、豆瓣酱、盐、鸡精各适量

做法

1. 牛心顶去油后洗净,切厚片;辣椒、姜洗净切片。

2. 锅内加水,煮沸后,下入切好的牛心顶,烫去异味后倒出,沥水。

3. 锅里放油烧热,放入姜、豆瓣酱、辣椒爆香,放牛心顶片,用大火爆炒片刻,调入盐、鸡精炒至入味,用水淀粉勾芡,淋入香油即可。

 技巧

此菜用大火炒可使得牛心顶更加脆嫩爽口。

 功效

牛心顶含有蛋白质、碳水化合物、维生素 A、核黄素、尼克酸、钾、钠、钙、镁、磷等,多食于健康有益。

小知识

牛心顶是指牛的心脏顶部连接血脉和心脏的组织,其口感脆嫩爽口,营养丰富,韧性较高,适合入菜。

大碗长豆角

 长豆角 400 克，青辣椒、红辣椒各 50 克

 食用油、盐、生抽、辣椒油、香油、蒜瓣各适量

做法

1. 长豆角洗净，放入沸水锅中焯至变色后捞出，再用凉水冲一遍，沥干水分；红辣椒洗净，切斜片；青辣椒洗净，对切。

2. 锅内放油烧热，下入蒜瓣爆香后捞出，下入青、红辣椒炒香，再放入长豆角翻炒，掺入少许清水以大火煮沸。

3. 调入盐、生抽、辣椒油炒匀，再以小火烧至长豆角熟透入味，待汤汁收干时，淋入香油，起锅盛入碗中即可。

 技巧

此道菜的关键在于豆角炒的时间要长一些，否则不易炒熟；盐要早放，否则不易入味。

功效

豆角性平，有解渴健脾、补肾止泄、益气生津的功效，对脾胃虚弱的人尤其适合。

 小知识

湖南人很喜欢用大碗盛菜，风味独特，不拘形式。除了大碗长豆角外，还有大碗香干等等，装在大碗中的菜总会让人觉得味道浓郁、吃起来过瘾。

三丝蒸白鳝

 技 巧

加工白鳝时应注意，其血清有毒，为预防白鳝血中毒，此菜蒸的时间要把握好。

主料 白鳝 300 克

辅料 红辣椒、盐、鸡精、姜、葱、食用油、生抽、蒜瓣、胡椒粉、淀粉各适量

 功效

白鳝所含钙、铁在淡水鱼中居第一，适合老人、孕妇和婴幼儿食用。

做法

1. 白鳝洗净，切金钱片；红辣椒、姜、葱切丝，蒜瓣切碎并用食用油炸一炸。

2. 将白鳝片用盐、鸡精、胡椒粉、淀粉拌匀摆入碟内。

3. 用蒸锅将水煮沸，放入摆好的白鳝片，以大火蒸6分钟后取出，撒上红辣椒丝、姜丝、葱丝，将油煮沸淋在上面，然后加入生抽即可。

小 知 识

白鳝的营养价值非常高，所以被称作是水中的"软黄金"，在中国以及世界很多地方均被视为滋补、美容的佳品。

青蒜咸肉香干

 香干 200 克，咸肉 100 克

 盐、食用油、生抽、青蒜、红辣椒各适量

做法

1. 咸肉用温水洗净，切片；香干洗净，切片；青蒜洗净，切段；红辣椒洗净，切小块。

2. 油锅烧热，放入咸肉煸炒，加入香干、红辣椒快速翻炒，调入少量盐、生抽炒匀，再入青蒜稍炒后起锅盛入盘中即可。

 技巧

咸肉本身比较咸，盐的用量要控制好；另外，咸肉和香干都是熟制品，只需短时间的翻炒即可食用，无须焖煮。

 功效

香干含有的卵磷脂可除掉附在血管壁上的胆固醇，有防止血管硬化，预防心血管疾病，保护心脏的功效。

 小知识

因香干中含嘌呤较多，故嘌呤代谢失常的痛风病人和血尿酸浓度增高的患者以及脾胃虚寒、经常腹泻便溏者不宜多食。

豆豉蒸鱼

主料 鲤鱼1条（约600克），豆豉30克

辅料 青尖椒、红尖椒、蒜末、姜末、葱花、酱油、盐、料酒各适量

做法

1. 鲤鱼宰杀干净，放盘上备用；青、红尖椒洗净，切末。

2. 将姜末、豆豉、辣椒末与酱油、盐、料酒拌匀，淋在鱼身上。

3. 鱼入笼蒸20分钟至熟取出，撒上葱花即可。

 技巧

将鱼去鳞剖腹洗净后，放入盆中倒一些料酒，就能除去鱼的腥味，并能使鱼滋味鲜美。

 功效

鲤鱼具有滋补身体、健胃、利水、催乳等功效；鲤鱼的脂肪多为不饱和脂肪酸，能很好地降低胆固醇，对防治动脉硬化、冠心病有一定功效。

小知识

鲤鱼是我国传统的吉祥物，根据民间经验，鲤鱼为发物，鲤鱼两侧各有一条如同细线的筋，剖洗时应抽出去掉。

腐乳臭干鱼

 主料 鱼片400克，臭豆腐150克，生菜50克

辅料 食用油、盐、胡椒粉、辣椒油、生抽、料酒、豆腐乳、干辣椒、高汤各适量

做法

1. 鱼片洗净，加盐、料酒腌制；臭豆腐洗净，入油锅炸至金黄色捞出；干辣椒洗净，切丝；生菜洗净，垫入碗中。

2. 锅内放油烧热，下入鱼片稍滑后盛出。

3. 再热油锅，放入干辣椒炒香，加入豆腐乳炒匀，注入适量高汤烧沸。

4. 调入盐、胡椒粉、辣椒油、生抽、料酒拌匀，放入臭豆腐、鱼片煮片刻后，起锅盛入有生菜的碗中即可。

 技巧

滑鱼片时动作要快，以免粘锅。

功效

鱼肉含有丰富的镁元素，对心血管系统有很好的保护作用，有利于预防高血压、心肌梗死等心血管疾病。

 小知识

鱼肉的肌纤维比较短，蛋白质组织结构松散，水分含量比较多，因此，肉质比较鲜嫩，和禽畜肉相比，吃起来更觉软嫩，也更容易消化吸收。

酱汁脆

主料 冬笋（干）100 克，五花肉 80 克

辅料 盐、鸡精、食用油、老抽、辣椒油、白醋、香油、红辣椒、青蒜各适量

做法

1. 五花肉洗净，切小片；冬笋泡发、洗净、切条；红辣椒洗净，切圈；青蒜洗净，切段。

2. 锅内入食用油烧热，下入五花肉煸炒至出油时，加入冬笋、红辣椒同炒片刻。

3. 调入老抽翻炒至上色，再加盐、辣椒油、白醋炒至入味。

4. 加入青蒜稍炒，以鸡精调味，淋入香油，起锅盛盘即可。

 技巧

冬笋在制作过程中为了长久保存加入了大量的盐，故食用前要用清水浸泡清洗至咸淡适中。

 功效

冬笋具有低脂肪、低糖、多纤维的特点，属天然低脂、低热量食品，食用笋不仅能促进肠道蠕动，帮助消化，去积食，防便秘，也是肥胖者减肥的佳品。

小知识

冬笋干，顾名思义就是把新鲜冬笋晒干脱水而制成的一种竹笋食品，和其他的干货一样，适合干炒等，易于搭配，口感鲜爽。

酸辣莴笋丝

主料 莴笋 500 克

辅料 盐、米醋、白糖、香油、花椒、干辣椒各适量

做法

1. 将莴笋竖刀切开，切成丝码入盘内，撒上盐、白糖，腌 30 分钟，放入沸水锅中焯至断生后沥干水分备用。

2. 锅置中火上放入香油烧热，投入花椒炸出香味，放入干辣椒炸至呈金黄色离火；将油倒在莴笋丝上。

3. 另起锅置中火上，放入适量白糖、盐、米醋，煮沸浇在莴笋丝周围即可。

 技巧

莴笋怕咸，盐要少放才好吃。

 功效

莴笋含有多种维生素和矿物质，有利尿通乳、强壮机体等功效，其所含有机化合物中富含人体可吸收的铁元素，对有缺铁性贫血病人十分有利。

小知识

酸辣莴笋丝是一道价格实惠的家常湘菜，清脆爽口，开胃下饭，还可根据个人喜好选配调料，做成糖醋味或五香味等。

辣椒芋丝

主料 魔芋 300 克

辅料 红辣椒、花椒、盐、鸡精、鲜汤、食用油各适量

做法

1. 将魔芋洗净切丝，加入沸水锅中焯水后捞出；红辣椒洗净，切粒备用。

2. 锅内放油烧热，下花椒炒香，加入鲜汤、魔芋丝、盐、鸡精，用中火慢烧入味，汁水将干时加入辣椒粒，起锅即可。

技巧

生魔芋有毒，必须煮熟后才可食用，且每次食量不宜过多；烹制前将魔芋丝焯水可除去涩味。

功效

魔芋富含大量维生素、植物纤维及黏液蛋白，能清洁肠胃、帮助消化、防治消化系统疾病，有降低胆固醇、防治高血压等功效。

小知识

魔芋生长在疏林下，是有益的碱性食品，对食用动物性等酸性食品过多的人，搭配魔芋吃，可以达到酸碱平衡。

农家手撕包菜

 包菜 400 克，五花肉 100 克

辅料 盐、鸡精、白糖、食用油、陈醋、生抽、干辣椒各适量

做法

1. 包菜洗净，撕成大片；五花肉洗净，切片；干辣椒洗净，切段。

2. 锅内放油烧热，下入五花肉煸炒至出油时，加干辣椒炒出香味，再加入包菜炒至稍稍变色，烹入陈醋、生抽翻炒均匀。

3. 放入少量白糖提鲜，加入盐、鸡精调味，起锅盛入盘中即可。

 技巧

包菜洗净撕成小块后，要尽量控干水分，避免炒菜的时候水分太多影响味道；炒时要大火快速翻炒，减少营养流失。

功效

包菜中含有丰富的维生素 C、维生素 E、β-胡萝卜素等，总的维生素含量比番茄多出 3 倍，因此，具有很好的抗氧化作用及抗衰老的功效。

 小知识

此菜爽脆微酸，口味鲜美，是很著名的一道湘味家常菜。其做法和选料都很简单，是将包菜用手撕成片状，以保持其原汁原味不流失，加入五花肉，使其口味更醇厚，再用干辣椒爆炒而成。

冬菜蒸鳕

主料 银鳕鱼 250 克，冬菜 100 克

辅料 食用油、鸡精、香油、淀粉、胡椒粉、葱末、盐各适量

做法

1. 先将银鳕鱼切大片；冬菜剁碎，加入鸡精、香油调拌均匀放在蒸碗内备用。

2. 鱼片撒上盐、胡椒粉腌制 5 分钟，然后拌上淀粉，放入拌好的冬菜上，上屉蒸约 10 分钟。

3. 取出装盘，再撒上葱末，淋上熟油即可。

鳕鱼从冷冻室取出来之后，最好放在冷藏室自然解冻。解冻的时候不要放在水里，尤其不要放在热水里，除了鱼肉容易散之外，还会影响鱼的口味和口感。

功效

鳕鱼肉中含有丰富的镁元素，对心血管系统有很好的保护作用，有利于预防高血压、心肌梗死。

由于冬菜腌制时间长，香味浓郁，味道鲜美，质地嫩脆，所以不仅是重要的家常食材，也经常用作调味料。

大白菜烧油渣

主料 大白菜 300 克，油渣 100 克

辅料 盐、食用油、辣椒酱、生抽、香油、红辣椒、青蒜、高汤各适量

做法

1. 大白菜洗净，切段；红辣椒洗净，切小段；青蒜洗净，切长段。

2. 锅内放油烧热，下入红辣椒炒香，加入大白菜、油渣翻炒均匀，注入少许高汤煮沸。

3. 调入盐、辣椒酱、生抽拌匀，加入青蒜烧片刻，淋入香油，起锅盛入盘中即可。

技巧

高汤不要放太多，因为大白菜本身易出水。

功效

大白菜富含钙、磷、铁及粗纤维、胡萝卜素、蛋白质、脂肪、糖、维生素等，具有养胃通便、利水除烦的功效。

小知识

"油渣"全称叫"猪油渣儿"，是人们用肥猪肉炸油所剩下来的肉渣。油渣中仍含有大量动物脂肪，少吃无妨，多吃对人体有害。

酸辣魔芋烩鸭

主料 鸭肉、魔芋各 200 克

辅料 盐、白醋、食用油、辣椒油、料酒、啤酒、辣椒酱、野山椒、泡椒各适量

做法

1. 鸭肉洗净，剁成小块，放入加有料酒的沸水锅中氽水后捞出；魔芋洗净，切成条，入沸水锅中焯水后捞出；野山椒切碎。

2. 锅内放油烧热，下入辣椒酱、野山椒炒香，加入鸭肉炒至出油，随后下入魔芋翻炒片刻。

3. 再加入泡椒炒匀，注入适量清水烧沸，倒入少许啤酒，调入盐、白醋、辣椒油拌匀，盖上锅盖，烩煮约 20 分钟，待鸭肉熟透入味时，起锅盛入盘中即可。

技巧

鸭肉加入有料酒的沸水中氽烫后，能很好地去除腥味。

功效

魔芋性温、辛，有毒，可活血化瘀、解毒消肿、宽肠通便、化痰软坚。

小知识

鸭是餐桌上的上乘佳肴，也是人们进补的优良食品。鸭肉的营养价值与鸡肉相仿，人们常言"鸡鸭鱼肉"为"四大荤"。

三角豆腐

主料 北豆腐 500 克，豆豉 50 克

辅料 猪骨汤、辣椒粉、鸡精、盐、酱油、葱花、蒜瓣、香油、食用油各适量

做法

1. 将北豆腐沥干水分，对角划开成三角形；豆豉、盐放入猪骨汤内，烧制成豆豉骨头汤。

2. 锅内加油烧至六成热，放入豆腐，炸至金黄色时，取出沥干油。

3. 锅内加豆豉骨头汤浇沸，倒入炸豆腐，加入辣椒粉、蒜瓣、酱油、鸡精煮至入味后淋香油，撒入葱花即可。

 技巧

炸豆腐时要始终保持中火，这样既能使豆腐表层迅速焦脆，又能封住豆腐中的水分保持内部的嫩滑。

功效

豆腐含有半胱氨酸，能加速酒精在身体中的代谢，减少酒精对肝脏的毒害，起到保护肝脏的作用。

 小知识

大豆中含有一些蛋白酶物质、皂甙和破坏维生素的成分，对人体健康有不良影响，但只要适当加热即可消除。

鲜椒黄喉鸡

 鸡肉 350 克，黄喉 150 克

辅料 盐、食用油、鸡精、老抽、辣椒酱、料酒、清汤、干辣椒、姜片、葱段、青辣椒、红辣椒各适量

做法

1. 鸡肉洗净，剁成块，加盐、料酒腌制；黄喉洗净，打上花刀，切片，加盐、料酒腌制；青辣椒、红辣椒均洗净，切段。

2. 锅内放油烧热，下入鸡肉、黄喉翻炒至七成熟时盛出。

3. 再热油锅，下入干辣椒、姜片、葱段爆香后捞出，加入青辣椒、红辣椒炒香，倒入鸡肉、黄喉翻炒均匀。

4. 调入盐、老抽、辣椒酱炒片刻，注入适量清汤以大火烧开，再改用小火烧至食材熟透入味，待汤汁快干时，以鸡精调味，起锅盛盘即可。

技巧

切黄喉时注意刀工要均匀，如此才能保证黄喉口味质感脆嫩。

功效

鸡肉含有维生素 C、维生素 E 等，蛋白质的含量比例较高，种类多，而且消化率高，很容易被人体吸收利用，有增强体力、强壮身体的作用。

小知识

黄喉来自于猪、牛等家畜的气管，常作为配料用在火锅中，也有木耳炒黄喉等菜谱，入口的感觉十分鲜脆。

指甲藕炒腊肉

 腊肉、莲藕各 200 克

 红尖椒、食用油、蒜瓣各适量

做法

1. 腊肉洗净后放入蒸笼，蒸至熟透取出，切成 5 厘米长、0.5 厘米厚的片；红尖椒切碎。

2. 莲藕洗净、去皮，斜刀切成指甲片；蒜瓣去皮切片。

3. 锅内放油烧热，下腊肉片爆炒，再下尖椒碎、藕片一起煸炒，最后放蒜片炒香，淋明油，出锅即可。

切原料时，刀工要精细，否则影响菜品成型。

藕富含铁、钙等微量元素，植物蛋白质、维生素以及淀粉含量也很丰富，有明显的补益气血，增强人体免疫力的作用。

腊肉是湖南特产，凡家禽、家畜、野味及水产等均可腌制。每年冬初，湘地人民就开始熏制，只要保管得法，一年四季都能食用。

大碗鸡

主料 鸡肉 600 克

辅料 红辣椒、葱、姜、蒜瓣、食用油、盐、白糖、花椒、八角各适量

做法

1. 鸡洗净，斩块；葱洗净，切段；姜去皮，切片；蒜瓣去皮；红辣椒洗净切圈。

2. 锅内放油烧至七成热，放入鸡块，翻炒至上色均匀。

3. 用大火炒至鸡块脱水发干时清除余油，留适量底油，调中小火，放入蒜瓣和姜片翻炒至香，放入葱段、八角、花椒、红辣椒继续翻炒，炒至入味时放入盐、白糖，翻炒均匀后出锅即可。

技巧

鸡块本身含油脂较多，因此炸完鸡块后要适量清除余油，这样口感才不会太腻。

功效

鸡肉蛋白质含量较高，且易被人体吸收利用，有增强体力，强壮身体的作用。

小知识

姜的形状弯曲不平，体积又小，削除姜皮十分麻烦，此时可用汽水瓶或酒瓶盖周围的齿来削姜皮，既快又方便。

生炒辣椒鸡

 技巧

剀好的鸡块过油时，应适当掌握火候，每次下锅的数量不可过多，否则不易上色。

主料 鸡肉400克，冬笋50克，干香菇10克

辅料 酱油、辣椒、葱段、香油、盐、鸡精、姜片、清汤、料酒各适量

🐟 **功效**

鸡肉对营养不良、畏寒怕冷、乏力疲劳、月经不调、贫血、虚弱等患者有很好的食疗作用。

做法

1. 将鸡洗净，切成块；辣椒切碎；冬笋切成柳叶片；水发香菇洗净，撕碎。

2. 将鸡块加酱油抓匀，用九成热油炸至深红色，捞出将油控净。

3. 锅内放油烧热，用葱姜爆锅，下入鸡块，加料酒、酱油、盐、鸡精、清汤煨烧。

4. 待煨烧至九成熟时加辣椒、冬笋、香菇炒熟，滴上香油翻匀，即可出锅。

 小知识

香菇又名香信，是世界第二大食用菌，也是我国特产之一，在民间素有"山珍"之称；要注意长得特别大的鲜香菇不要吃，因为它们很可能是用激素催肥的。

油爆肚尖

主料 猪肚尖 400 克，冬笋、水发香菇各 50 克，红辣椒 25 克，鸡蛋 1 个

辅料 料酒、香油、葱段、姜片、蒜末、上汤、淀粉、食用油、鸡精、盐各适量

做法

1. 将猪肚尖部位用刀剥下厚的一层肚尖头，剔去两面的油和筋，用清水洗净备用；在肚尖的内面，用刀斜划十字交叉花刀，切成斜方块；冬笋、红辣椒、香菇都切成略小于肚尖的块。

2. 将上汤、鸡精、盐、香油、淀粉、料酒放入碗内，调成汁，加入葱段备用；肚尖加盐、鸡精拌匀，再用蛋清、水淀粉拌匀。

3. 烧热油锅，下肚尖，待散开卷起时，倒入漏勺滤油；

锅内留适量油，放冬笋、姜片、红辣椒、蒜末、香菇煸炒片刻，倒入调好的汁，待汁稠时再倒入肚尖翻炒片刻即可。

猪肚清洗时先用清水洗几次，然后放进水快沸的锅里，翻动，不等水沸取出，把两面的污物除掉即可。

猪肚含有蛋白质、脂肪、碳水化合物、维生素及钙、磷、铁等，具有补虚损，健脾胃之功效。

小 知 识

选购猪肚时要注意，呈淡绿色，黏膜模糊，组织松弛、易破，有腐败恶臭气味的不要选购；猪肚不适宜贮存，应随买随吃。

外婆菜炒豆瓣

 外婆菜 150 克，豆瓣 200 克

 盐、食用油、鸡精、生抽、辣椒油、红辣椒各适量

做法

1. 豆瓣洗净，下入沸水锅中焯水后捞出；外婆菜洗净；红辣椒洗净，切小片。

2. 锅内入食用油烧热，下豆瓣爆炒至八成熟时，加入外婆菜、红辣椒同炒。

3. 调入盐、生抽、辣椒油炒匀，待炒至材料均熟时，以鸡精调味，起锅盛入盘中即可。

 技巧

烹饪过程中要适当多放点油，这样炒出来才会香；炒的过程中，可根据自己的喜好添加各种调味料。

 功效

此菜具有开胃下饭、降血脂、软化血管、滋养容颜的功效。

 小知识

外婆菜是湖南湘西地区一道家常菜，原料选用多种野菜、土菜，以湘西传统的民间制作方法晒干放入坛内腌制而成，不添加任何色素和防腐剂，颇受欢迎。

技 巧

炼油渣的时候用小火慢慢炼，用大火会焦，炼好一部分就捞出来，这样炼出来的油渣口感较脆。

功 效

青蒜对于心脑血管有一定的保护作用，可预防血栓的形成，还能保护肝脏。

小 知 识

油渣主要成分为多种脂的混合物，含有大量脂肪，还有少量表皮，如果温度过高受热，产生煳焦状物，会有部分炭黑形成，对人体有害，不要食用。

青蒜炒油渣

 油渣 300 克，青蒜 50 克

 食用油、盐、胡椒粉、生抽、香油、青辣椒、红辣椒、豆豉各适量

做法

1. 青辣椒、红辣椒洗净，切片；青蒜洗净，切小段；豆豉洗净。

2. 锅内放油烧热，加入豆豉炒出香味，加入油渣、青辣椒、红辣椒翻炒均匀，调入盐、胡椒粉、生抽，再加入青蒜同炒片刻，淋香油，起锅盛入盘中即可。

爆炒鸭四宝

主料 鸭舌、鸭掌、鸭胰、鸭脯各150克，青蒜50克，青、红尖椒各30克

辅料 姜、蒜瓣、盐、料酒、酱油、食用油各适量

做法

1. 将鸭舌、鸭掌、鸭胰、鸭脯分别洗净，切块；青蒜洗净，切段；青、红尖椒洗净，切圈；姜、蒜瓣洗净，切末。

2. 油锅烧热，放入"鸭四宝"爆炒至变色后，捞出沥油。

3. 再次加油烧热，加姜末、蒜末、青尖椒、红尖椒、青蒜爆香，再放入"鸭四宝"一起翻炒，最后加盐、料酒、酱油调味即可。

 技巧

烹饪过程中，要始终保证大火炒，才能炒出香味；口味以咸鲜厚重为佳。

功效

鸭掌含有丰富的胶原蛋白，和同等质量的熊掌的营养相当，富含蛋白质，低糖，少有脂肪，是一种绝佳的减肥食品。

 小知识

鸭子全身都是宝，各个部位适合的料理方式也不一样，通过蒸、煮、炒、烤，能做出一盘盘风味独特的菜肴。

外婆菜炒豆腐

 老豆腐 200 克，外婆菜、五花肉末各 100 克

辅料 青辣椒、豆豉、花椒油、姜、蒜瓣、老抽、盐、白糖、瑶柱素、料酒、食用油各适量

做法

1. 青辣椒洗净，切片，先不要放油干煸一下，再加盐、食用油煸炒。

2. 肉末先放盐、白糖、瑶柱素、料酒、老抽腌制一下，然后放油炸一下，放姜、蒜瓣、豆豉、外婆菜炒匀，出锅。

3. 锅内留适量油，再把切成丁的老豆腐煎一下，待干黄时加盐烧至入味。

4. 豆腐煎好后再把炸好的肉末、外婆菜、青辣椒放入搅匀，加花椒油，出锅即可。

技巧

如果喜欢汤汁浓稠都包裹在豆腐上，最后调少许水淀粉收汁即可。

功效

外婆菜具有开胃下饭，降血脂、软化血管、滋养容颜的功效。

小知识

外婆菜是一种名副其实的土菜，原料选用多种野菜、湘西土菜，以湘西传统的民间制作方法晒干放入坛内腌制而成，不添加任何色素和防腐剂。

麻辣仔鸡

主料 仔鸡1只（约500克）

辅料 青辣椒、红辣椒、料酒、花椒子、醋、香油、淀粉、青蒜、醋、酱油、鸡精、食用油各适量

做法

1. 净鸡剔除全部粗细骨，鸡肉横直划刀，切成鸡丁，盛入碗内，加适量淀粉、酱油、料酒拌匀；青辣椒、红辣椒洗净去蒂去籽，切成小片；花椒子拍碎；青蒜切成斜段。

2. 锅内放油烧至七成热，放鸡丁，快速翻炒约20秒钟，迅速用漏勺捞起，待油温回升至七成热时，再放鸡丁，炸至成金黄色，倒入漏勺。

3. 锅内放适量油，烧至六成热时，下红辣椒、青辣椒、花椒子、盐炒几下，放鸡丁合炒，加醋、酱油、青蒜、鸡精，翻炒片刻，淋入香油即可。

 技巧

鸡肉丁要入透味才好吃，炸制时要掌握好火候。

 功效

鸡肉蛋白质含量较高，且易被人体吸收利用，有增强体力，强壮身体的作用。

 小知识

习惯上称体重约一斤的小鸡为仔鸡。因为仔鸡的鸡肉占体重的60%左右，鸡肉的主要成分是蛋白质，所以仔鸡的肉营养价值较老鸡要高。

技巧

挑选芹菜时，掐一下芹菜的秆部，易折断的为嫩芹菜；叶色浓绿的芹菜不宜买，因为粗纤维多，口感老。

功效

芹菜是高纤维食物，能产生抗氧化的物质，常吃芹菜，尤其是吃芹菜叶，有利湿止带、清热利尿的功效，对预防高血压、动脉硬化等十分有益。

小知识

市场上的芹菜主要有4种，即青芹、黄心芹、白芹和美芹，一般青芹味浓；黄心芹味浓、较嫩；白芹味淡、不脆；美芹味淡、口感脆，可以根据需要来选择。

芹菜炒香干

 芹菜 250 克，香干 150 克

 红辣椒、葱末、食用油、香油、味精、料酒、盐各适量

做法

1. 将芹菜洗净，去根、叶和老筋，切段；香干切细丝；红辣椒切丝。

2. 将芹菜用开水焯一下，锅中倒入食用油、葱末炝锅，放入芹菜煸炒至熟。

3. 放入香干丝、红辣椒丝，烹料酒，加味精、盐调味，淋香油，翻炒片刻即可。

乡村蕨菜

 主料 蕨菜 400 克

辅料 食用油、盐、辣椒酱、老抽、陈醋、姜片、干辣椒、葱、熟白芝麻、高汤各适量

做法

1. 蕨菜择洗干净，放入沸水锅中焯水后捞出，切段，盛入盘中；葱洗净，切葱花。

2. 锅内放油烧热，下入姜片、干辣椒爆香后捞出，调入盐、辣椒酱、老抽、陈醋和适量高汤烧沸，起锅淋在盘中的蕨菜上，撒上熟白芝麻、葱花即可。

 技巧

蕨菜焯水时间不宜过长，炒老了口感就很硬；可根据自己的喜好调味。

 功效

蕨菜对细菌有一定的抑制作用，可用于发热不退、肠风热毒、湿疹、疮疡等病症，具有良好的清热、解毒、杀菌功效。

 小知识

新鲜的蕨菜，顶端的嫩叶处于卷曲未展开的状态，要焯水后再过凉，这样才能清除它表面的毛绒和涩味，炒的时候，也可以搭配肉丝，口味更鲜纯。

红辣椒焖鹅

主料 鹅肉 400 克，红辣椒 100 克

辅料 杂骨汤、鸡精、子姜、盐、料酒、蒜瓣、酱油、香油、食用油各适量

做法

1. 鹅肉洗净，切成块；子姜洗净去皮，切成菱形片；红辣椒洗净，去蒂去籽，切片。

2. 锅内放油，大火烧至八成热，放姜炒几下，再下鹅肉煸炒，待煸干水，烹入料酒，继续煸炒 2 分钟，放入酱油、盐炒匀，再加入蒜瓣、杂骨汤，焖 15 分钟，待鹅肉柔软后盛入大碗。

3. 炒锅内放油，烧至六成热时，放入红辣椒、盐炒熟，再倒入鹅肉，放鸡精，一起炒匀，出锅装盘，淋入香油即可。

技巧

选择仔鹅更容易做熟，肉质也更鲜嫩。

 功效

中医理论认为鹅肉味甘平，有补阴益气、暖胃开津、祛风湿、止咳化痰、解铅毒防衰老之效，是中医食疗的上品。

小知识

湖南的"武冈铜鹅"外貌清秀，体态呈椭圆形，具有体型中等、生长速度快、适应性强、肉质好等特点，卤鹅爽洁香软，黄焖鹅浓醇味厚，十分著名。

蒜香鸡

 主料 鸡 1 只（约 1000 克），蒜瓣 50 克

辅料 姜、葱结、食用油、盐、料酒、水淀粉、白糖各适量

做法

1. 鸡去内脏，洗净；炒锅置大火上，下食用油，烧至七成热，将鸡下锅炸至金黄色时捞出沥油。

2. 把蒜瓣、盐、白糖、葱结、姜片、料酒一起放在碗里拌匀，灌入鸡肚内；将鸡背向下，鸡脯向上，摆在盘内，用大火上笼蒸至酥烂取出，去掉葱、姜、蒜瓣。

3. 食用时将鸡切块，再将蒸鸡的原汤倒入炒锅中，置大火上煮沸，用水淀粉勾薄芡即可。

 技巧

此菜加一点白糖，具有很好的提鲜作用。

 功效

蒜香鸡属于补虚养身食疗药膳食谱之一，对改善体虚症状十分有帮助。

 小知识

相传古埃及人在修金字塔的民工饮食中每天必加蒜瓣，用于增加力气，预防疾病。

香辣卤鸭翅

 主料 鸭翅 500 克

辅料 干辣椒、花椒、姜片、八角、桂皮、丁香、料酒、酱油、蜂蜜、盐、食用油各适量

做法

1. 鸭翅洗净，下入沸水焯熟。

2. 锅中倒入水，然后放入干辣椒、花椒、八角、桂皮、丁香、料酒、酱油，放入蜂蜜、盐、姜片、食用油。

3. 鸭翅入锅，小火煮 40 分钟，把剩下的干辣椒放入锅里，熄火焖 20 分钟后，取出即可。

 技巧

鸭翅先焯水可有效去除腥味；放一点食用油可以增加鸭翅香味。

 功效

鸭肉性寒、味甘、咸，归脾、胃、肺、肾经，可治身体虚弱、病后体虚、营养不良性水肿。

小知识

翅膀一般是禽类最好吃的地方，因为那里多运动，肌肉会比较多，肉质紧密。

双椒鸡中翅

 鸡中翅 400 克，青辣椒、红辣椒各 50 克

 食用油、盐、胡椒粉、辣椒酱、老抽、料酒、水淀粉、葱段、姜片各适量

做法

1. 鸡中翅洗净，切小块，加盐、料酒、水淀粉腌制备用；青辣椒、红辣椒均洗净，切段。

2. 锅内放油烧热，下入鸡中翅翻炒至变色时盛出。

3. 再热油锅，入姜片爆香后捞出，放入青红辣椒炒香，加入鸡中翅翻炒片刻。

4. 掺入少许清水烧开，调入盐、胡椒粉、辣椒酱、老抽炒至鸡中翅熟透入味，放入葱段稍炒，起锅盛入盘中即可。

 技巧

注意尽量买个头小一点儿的鸡翅，有些大鸡翅上有好多黄色的油，影响味道进入肉中。

 功效

鸡翅有温中益气、补精添髓、强腰健胃等功效，鸡中翅相对翅尖和翅根来说，它的胶原蛋白含量丰富，对于保持皮肤光泽、增强皮肤弹性均有好处。

 小知识

鸡翅即鸡翼，俗称鸡翅膀，是整个鸡身最为鲜嫩可口的部位之一，常见于多种菜肴或小吃中，如可乐鸡翅等，还可以细分为翅尖、翅中、翅根三部分。

干锅

主料 鸡600克，洋葱100克，黄瓜80克

辅料 盐、食用油、辣椒油、老抽、料酒、米酒、香油、姜末、红辣椒、青辣椒、干辣椒、香菜叶各适量

做法

1. 鸡洗净，剁成块，加盐、料酒、姜末腌制；洋葱、青辣椒、红辣椒均洗净，切片；干辣椒洗净，切段；黄瓜洗净，切块。

2. 油锅烧热，放入青红辣椒、干辣椒、洋葱炒香，再入鸡块同炒片刻，加入黄瓜翻炒均匀。

3. 注入少许高汤烧开，调入盐、辣椒油、老抽炒匀，倒入适量米酒焖煮至汤汁收干。

4. 淋入香油，起锅将鸡肉盛入干锅中，用香菜叶装饰，带酒精炉上桌即可。

技巧

鸡的肉质内含有谷氨酸钠，可以说是"自带鸡精"，故不要再放花椒、八角等厚味的调料，否则反而会把鸡的鲜味驱走或掩盖。

功效

洋葱气味辛辣，能刺激胃、肠及消化腺分泌，增进食欲，促进消化，且洋葱不含脂肪，其精油中含有可降低胆固醇的硫化合物的混合物。

 小知识

洋葱有橘黄色皮和紫色皮两种，最好选择橘黄色皮的，每层比较厚，水分比较多，口感比较脆。

酸辣脆笋

 主料 小笋 350 克

辅料 盐、食用油、白醋、野山椒汁、香油、红辣椒、葱、野山椒各适量

做法

1. 小笋洗净，入沸水锅中焯水后捞出，切粗条；红辣椒洗净，切丝；葱洗净，切段；野山椒切碎。

2. 锅内入食用油烧热，入野山椒、红辣椒炒香，加入小笋翻炒至熟。

3. 调入盐、白醋、野山椒汁炒匀，再入葱段稍炒，淋入香油，起锅盛入碗中即可。

 技巧

小笋焯水后，可以有效去除涩味；小笋蚝油，多放一点食用油炒，口味更佳。

功效

食用竹笋能促进肠道蠕动、帮助消化、去积食、防便秘。

 小知识

买回竹笋后在切面上先涂抹一些盐，再放入冰箱中冷藏。

技 巧

　　热锅放油前,可以用姜擦一遍锅底,这样炸鱼时就不容易粘锅。

功 效

　　鲜鱼肉中所含的蛋白质都是完全蛋白质,而且蛋白质所含必需氨基酸的量和比值最适合人体需要,容易被人体消化吸收,常吃鱼可以提高自身免疫力,还可以起到很好的健脑作用。

小 知 识

　　此道菜肴色润黄亮,质地软酥,咸鲜味美,葱香微辣,具有典型的湘菜风味。

葱辣鱼

主料 鲜鱼肉 400 克

辅料 食用油、葱段、料酒、盐、姜片、胡椒粉、干辣椒、鲜汤、酱油、白糖、醋、香油、辣椒油各适量

做法

1. 鲜鱼肉切条形,用盐、料酒、姜片、葱段、胡椒粉拌匀,腌制入味后,去尽汁水和姜葱。

2. 锅内烧热油,下鱼条炸至成黄色时捞起;再放油入锅烧热,下葱段爆香,入姜片、干辣椒稍煸,加入鲜汤、盐、酱油、料酒和白糖、醋,待沸下鱼条,用中火烧至汁浓将干时,加入香油、辣椒油,入盘。

3. 食用时以葱垫盘底,上放鱼条,去掉姜片和干辣椒,原汁淋于鱼条上即可。

粉蒸凤爪

主料 凤爪300克，米粉200克

辅料 豉汁、酱油、盐、食用油、蚝油各适量

做法

1. 米粉中放入适量水，调制成浓稠状；凤爪洗净，切去趾尖，斩成两半。

2. 凤爪余水后用油炸至深红色，放入碗中加入酱油、盐、食用油、蚝油拌匀，并加少量水放入蒸笼中蒸30分钟。

3. 把调制的米粉和蒸好的凤爪摆入盘中，用豉汁拌匀，再蒸10分钟即可。

技巧

先将凤爪余水，再加入辅料抓匀腌制，可去除鸡爪本身的异味。

功效

凤爪内富含的胶原蛋白是人体中所需的硬胶原蛋白，对维护骨骼的强健有很好的作用，同时还具有美容功效。

小知识

凤爪也称"鸡掌"、"鸡爪"，多皮、筋，胶质丰富，常用于煮汤，也宜于卤、酱。如：卤鸡爪、酱鸡爪。通过多种方法制作出来的菜肴风味各异，深受欢迎。

脆炒南瓜丝

主料 嫩南瓜 400 克

辅料 盐、鸡精、食用油、香油、青辣椒各适量

做法

1. 嫩南瓜去皮、洗净，切丝；青辣椒洗净，切丝。

2. 锅置火上，加入食用油烧热，下入南瓜丝、青辣椒丝快速翻炒 3 分钟。

3. 调入盐、鸡精、香油炒匀，起锅盛入盘中即可。

 技巧

炒南瓜丝时一定要速炒，这样可以避免粘锅，还能保证南瓜丝的脆爽口感。

功效

南瓜中含有大量的锌，有益皮肤和指甲健康，其中抗氧化剂 β-胡萝卜素具有护眼、护心的作用，还能很好地消除亚硝酸胺的突变。

 小知识

距离南瓜皮越近的部分，营养越丰富；南瓜切开后再保存，容易从心部变质，所以最好用汤匙把内部掏空再用保鲜膜包好，这样放入冰箱冷藏可以存放 5 ～ 6 天。

鱼香苦瓜

 主料 苦瓜 300 克，红甜椒 100 克

辅料 葱、姜、蒜瓣、食用油、香油、豆瓣酱、酱油、醋、白糖、鸡精各适量

做法

1. 苦瓜洗净，剖成两半，去瓤；红甜椒去蒂、去籽，洗净，分别切细丝，放入沸水锅内焯一下，捞出沥干水分。

2. 红甜椒丝晾凉后与苦瓜丝一起拌匀装盘；葱、姜切丝；蒜瓣捣成泥。

3. 锅内放油烧热，放葱丝、姜丝煸香，加豆瓣酱、酱油煸炒，加白糖、醋、鸡精、蒜泥炒匀，晾凉浇在苦瓜丝上，淋香油即可。

 技巧

在切辣椒时，可将刀在冷水中蘸一下，再切辣椒就不会刺激眼睛。

功效

苦瓜中的苦瓜甙和苦味素能增进食欲，健脾开胃；所含的生物碱类物质奎宁，有利尿活血、消炎退热、清心明目的功效。

 小知识

在燥热的夏天，女性经常敷冰过的苦瓜片，可以立即解除肌肤的干燥问题，并且苦瓜还能滋润、镇静肌肤。

 技巧

冬笋尖脆，不可久煮多煸，故此菜要旺火热油，瞬间即成。

 功效

冬笋营养丰富，含有蛋白质、脂肪、糖、钙、磷、铁和多种维生素，其所含粗纤维有促进肠胃蠕动作用，对防治便秘有一定的效果。

小知识

取不漏气的塑料袋，装入冬笋后扎紧袋口，放在阴凉通风处，可使其保鲜20天。

油辣冬笋尖

 主料 冬笋 300 克

 辅料 杂骨汤、花椒、鸡精、盐、酱油、辣椒油、葱花、食用油各适量

做法

1. 冬笋洗净煮熟，捞出，对切后，用刀背拍松，切成条。

2. 锅内放油，烧至七成热，下冬笋、花椒煸炒 30 秒钟，加酱油、盐再翻炒几下。

3. 倒入杂骨汤，加鸡精，焖 2 分钟，收干汤汁，盛入盘中，淋上辣椒油，撒葱花，拌匀，晾凉装盘即可。

香辣泥鳅

 主料 泥鳅 300 克

 辅料 食用油、盐、料酒、老抽、辣椒油、淀粉、姜、干辣椒、葱各适量

做法

1. 泥鳅洗净，切去头部，加盐、料酒、老抽腌制入味，再裹上一层淀粉；姜去皮，洗净，切片；干辣椒、葱均洗净，切段。

2. 锅内入食用油烧热，放入泥鳅炸至结壳定型后盛出。

3. 再热油锅，入姜片、干辣椒炒香，加入炸过的泥鳅翻炒，再入葱段稍炒后，调入辣椒油炒匀，起锅盛入盘中即可。

 技巧

煎泥鳅时一定要小火，慢慢煎熟，这样做出来口感酥脆。

 功效

泥鳅具有补中益气、除湿退黄、益肾助阳、祛湿止泻、暖脾胃、疗痔、止虚汗之功效，适宜老年人及有心血管疾病、急慢性肝炎及黄疸之人食用。

 小知识

泥鳅味道鲜美，营养丰富，素有"天上的斑鸠，地下的泥鳅"和"水中人参"之美誉，但泥鳅烹饪前一定要用淡盐水泡 1 小时以上，让其吐净脏物。

剁椒蒸香芋

主料 香芋450克，剁椒80克

辅料 食用油、生抽、辣椒油、香油、葱各适量

做法

1. 香芋去皮，洗净，切片；葱洗净，切葱花。

2. 锅内入食用油烧热，下入香芋以中火煸干水分后盛出，晾凉后摆入盘中。

3. 将剁椒、生抽、辣椒油、香油调匀成味汁，淋在香芋上。

4. 将备好的材料放入锅中蒸约15分钟后取出，撒上葱花即可。

 技巧

芋头片要切得厚薄适中，先将芋头片和剁椒拌匀腌制1小时，更容易入味。

 功效

香芋中的聚糖能增强人体的免疫力，增加对疾病的抵抗力，长期食用能解毒、滋补身体。

 小知识

香芋有水煮、粉蒸、油炸、烧烤、炒食、磨碎后炖食等多种烹调方法。

红焖羊肉

 羊腿肉 1000 克

辅料 大葱、红尖椒、料酒、鲜汤、豆豉、大蒜、姜、
干辣椒、辣椒酱、八角、桂皮、红油、食用油、盐、
鸡精、蚝油、酱油各适量

做法

1. 羊腿肉洗去血水，放入汤锅，加入清水、干辣椒、姜、
   料酒、八角、桂皮、盐、鸡精，大火煮沸，撇去浮沫，
   用小火煮至八成烂，捞出切条。

2. 红尖椒去蒂切圈，大蒜、大葱均切片，干辣椒切段。

3. 锅内放油，烧至六成热，下羊肉略炸，倒入漏勺。

4. 锅内留底油，下大蒜、红尖椒、干辣椒段、豆豉略炒，
   加入羊肉，烹入料酒炒香，加鸡精、酱油、辣椒酱、
   蚝油炒匀，倒入鲜汤稍焖，淋红油，出锅装盘即可。

技巧

羊肉特别是山羊肉膻味较大，
烹饪时可放一个山楂或加一些萝卜、
绿豆。

功效

羊肉高蛋白、低脂肪、含磷脂多、
胆固醇含量少，有促进血液循环、增
强御寒能力等功效。

焖菜汁浓汤紧、肉质软嫩、
滋味香醇。用此法做出的羊肉，
不仅味鲜，而且没有膻味，最宜
冬季食用。

其他湘式美食

各种遍布大街小巷、食摊零担的湘式小吃

在传统湘菜中用来调味的湘式汤品

以及在湘菜馆的菜谱中占有 30% 比例的湘式凉拌菜

也是湘菜极为重要的组成部分

本章将让喜爱湘菜的您能有更多的选择

冰糖湘莲

主料 湘白莲 200 克，鲜菠萝 50 克，冰糖 100 克

辅料 青豆、樱桃、桂圆肉各 25 克

做法

1. 莲子去皮去心，放入碗内加温水 150 毫升，上笼蒸至软烂；桂圆肉用温水洗净，泡 5 分钟，沥干；鲜菠萝去皮，切成丁。

2. 炒锅置中火上，放入清水 300 毫升，再放入冰糖煮沸，待冰糖完全熔化，端锅离火，用筛子滤去糖渣，再将冰糖水倒回锅内，加青豆、樱桃、桂圆肉、菠萝，上火煮沸。

3. 将蒸熟的莲子滗去水，盛入大汤碗内，再将煮沸的冰糖及配料一起倒入汤碗即可。

技巧

莲子去皮去心法：将莲子放入加有纯碱的温水中，用毛刷刷洗，见水变红则换水，刷至莲子露出表皮后取出，用小竹签戳入，顶去莲心即可。

 功效

莲子钙、磷和钾含量非常丰富，还含有多种维生素以及微量元素、荷叶碱、金丝草甙等物质，有补脾止泻、益肾涩精、养心安神等功效。

小知识

此菜汤清，莲白透红，莲子粉糯，清香宜人，白莲浮于清汤之上，宛如珍珠浮于水中，风味独特、营养丰富，是著名湘菜。

 技巧

蒸好的芋头要趁热压成泥，并加入调味料揉成团。

 功效

芋头含有一种黏液蛋白，被人体吸收后能产生免疫球蛋白，可提高机体的抵抗力。

小知识

芋头含有较多的淀粉，一次吃得过多会导致腹胀。

椒盐芋头丸

 芋头 1000 克，鸡蛋 3 个，虾米 50 克

 食用油、盐、鸡精、胡椒粉、花椒粉、香油、葱花、淀粉各适量

做法

1. 虾米泡发切成末；芋头削去皮并洗净，上笼蒸熟，取出后放在砧板上，用刀压成泥，加入鸡蛋、虾米末、葱花、盐、鸡精、胡椒粉和干淀粉搅匀。

2. 将芋头泥挤成直径 3 厘米大的丸子，下入烧热的食用油油锅，炸至焦酥呈金黄色，捞出，沥油，加入花椒粉和香油，装盘即可。

卤汁豆腐干

主料 北豆腐 300 克

辅料 花椒、草果、丁香、八角、桂皮、姜、葱结、酱油、鸡精、食用油、白糖各适量

做法

1. 将花椒、草果、丁香、八角、桂皮和葱结、姜装入卤料袋备用。

2. 锅内烧油，将豆腐放入油锅中炸制发黄起泡，捞出控油。

3. 锅内放清水，加入豆干、卤料袋、酱油、白糖一起煮沸后，转小火煮 25 分钟，煮至豆干表面回软后再改大火改稠卤汁，加入鸡精调味出锅即可。

技巧

做豆腐前，如果用盐水焯一下，再做菜就不容易碎了。

功效

北豆腐富含镁、钙，能帮助降低血压和血管紧张度，预防心血管疾病的发生，还有强健骨骼和牙齿的作用。

小知识

豆腐不要一次买太多，要遵循"少量购买、及时食用"的原则。此外，当天剩下的豆干，应用保鲜袋扎紧放置冰箱内尽快吃完，如发现袋内有异味或豆干制品表面发黏，请不要食用。

自制臭豆腐

主料 水豆腐 300 克

辅料 盐、辣椒酱、白醋、香油、青矾、卤水、葱花、食用油各适量

做法

1. 桶内倒入沸水，放入青矾搅匀，放入水豆腐浸泡 2 小时后捞出，沥干水分，再放入卤水中浸泡 5 小时，取出，用冷开水稍微冲洗一遍，沥干水分，豆腐经卤水浸泡后，呈黑色的豆腐块。
2. 将盐、辣椒酱、白醋、香油、葱花拌匀，做成味汁。
3. 油锅烧热，放入臭豆腐块炸至焦脆中空时捞出，盛入盘中，搭配味汁食用即可。

 技巧

水豆腐放入卤水中可用保鲜膜封起来放冰箱腌制隔夜，这样豆腐不会酸。

 功效

古医书记载，臭豆腐可以寒中益气，和脾胃，消胀痛，清热散血，下大肠浊气。常食者，能增强体质，健美肌肤。

小知识

臭豆腐，是湖南等地相当流行的小吃，在长沙称为"臭干子"，以火宫殿为官方代表，毛泽东、朱镕基等国家领导人曾光临并夸奖臭豆腐好吃味美。

酥炸素黄

主料 油豆腐 300 克，土豆泥 150 克，鲜香菇粒、冬笋粒、包菜丝各 50 克

辅料 糖、盐、泡打粉、面粉、食用油、料酒、香油、鸡精、胡椒粉、水淀粉各适量

做法

1. 包菜丝加盐腌一下，挤干水分，加糖拌匀；将香菇粒、冬笋粒下入油锅炒熟，烹料酒，加盐炒至入味，然后放入土豆泥、糖、鸡精、胡椒粉、香油搅拌成馅。
2. 油豆腐切开一半，由里向外翻边，把馅填入。
3. 用适量面粉、水淀粉、泡打粉调匀成糊。
4. 锅内放油烧到六成热，将填入馅的油豆腐裹上面糊，下油锅内炸至金黄色，捞出滗去油，淋香油，摆好包菜丝装盘即可。

技巧

炸制油豆腐，火要大，这样才会里嫩外酥。

功效

豆制品中含有丰富的维生素 E 以及大脑和肝脏所必需的磷脂，对延缓女性衰老，改善更年期症状有一定作用。

小知识

油豆腐相对于其他豆制品不易消化，经常消化不良、胃肠功能较弱的人要少吃；优质油豆腐色泽橙黄鲜亮，而掺了大米等杂物的油豆腐色泽暗黄。

香炒花生米

 带皮花生米 250 克

 白糖或盐、食用油各适量

做法

1. 锅里放油,点火,待油八成热时把火调小。
2. 把花生米倒进锅里翻炒,等花生米颜色变深,有酥脆的感觉之后,用漏勺取出,装盘放凉。
3. 喜欢吃甜的加白糖,喜欢吃咸的加盐。

用锅铲不停翻炒,注意要确保花生米均匀受热。

 功效

花生的蛋白质含量 为 25％～30％,花生蛋白含有人体必需的八种氨基酸,精氨酸含量高于其他坚果,经常吃一些花生米可增强记忆力、健脑和抗衰老。

 小知识

不宜经常将花生米油炸来食用,因为花生米所含的维生素容易被高温破坏,蛋白质、纤维素和新鲜花生衣也会随之碳化,其营养价值就降低了。

辣椒炒田螺

 田螺 500 克

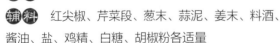 红尖椒、芹菜段、葱末、蒜泥、姜末、料酒、酱油、盐、鸡精、白糖、胡椒粉各适量

做法

1. 将田螺放清水中漂养 3 天，每天换水 2 次，剪去田螺尾壳，洗净。

2. 将红尖椒洗净，切碎，加入芹菜段、蒜泥、姜末，入油锅煎炒 2 ~ 3 分钟，倒入田螺翻炒，加料酒、酱油、白糖、盐，翻炒 10 分钟后，调入葱末、鸡精、胡椒粉即可。

 技巧

田螺内常有寄生虫和淤泥，买回来后宜放在清水中泡，并常换水。

 功效

此菜温经散寒，开胃消食，适用于风湿性关节炎、肥大性关节炎、慢性关节炎等。

 小知识

田螺为性寒之物，故有脾胃虚寒，便溏腹泻之人忌食；因螺性大寒，故风寒感冒期间、女子行经期间及妇人产后不宜食用，素有胃寒病者也要尽量少吃。

糯米

主料 糯米 500 克，面粉 200 克，鲜猪肉 100 克

辅料 盐、食用油、胡椒粉、酱油、姜末、鸡精、葱花各适量

做法

1. 将糯米用清水洗净，放入盆内加水浸泡，捞出冲洗干净，入笼蒸熟；猪肉洗净，切成合适大小的块；面粉放入盆内，加盐、清水调成面糊。

2. 锅内放油大火烧热，下入姜末煸炒，再放入猪肉块炒至断生出油，加盐、酱油、葱花、胡椒粉、鸡精炒 3 分钟，炒匀盛入盆内，倒入熟糯米饭拌匀，搓成每个重约 50 克的糯米块，放在案板上。

3. 锅内放油大火烧至八成热，放入挂有面糊的糯米块，炸至糯米鸡呈金黄色时，捞出沥油即可。

 技巧

糯米要浸泡 6 小时，入笼蒸前要冲洗净酸水，蒸至熟烂为佳。

功效

糯米富含蛋白质、脂肪、糖类、钙、磷、铁、烟酸及淀粉等，为温补强壮食品，具有补中益气，健脾养胃，止虚汗之功效，对食欲不佳，腹胀腹泻有一定缓解作用。

小知识

广东有一种点心叫珍珠鸡，便是由糯米鸡衍生而来。制法同样是以荷叶包着糯米，但中央则改为放鸡肉碎、猪肉碎等馅料，蒸熟而成，体积仅为糯米鸡之三分之一至一半。

桃酥

技巧

烤焙的时间和温度需要根据实际情况灵活调整，另外，如果做的桃酥较大，烤的时间就需要长一点。

功效

芝麻中含有丰富的维生素 E，能防止过氧化脂质对皮肤的危害，抵消或中和细胞内有害物质游离基的积聚，可使皮肤白皙润泽，并能防止各种皮肤炎症。

主料 熟富强粉 500 克，糖粉 400 克，熟芝麻、熟花生各 60 克，鸡蛋 1 个

辅料 猪油、发粉、小苏打、食用油各适量

做法

1. 熟花生去衣，与熟芝麻一起研成碎屑。

2. 将面粉、花生碎、芝麻碎拌匀过筛，再加入糖粉、鸡蛋、猪油、小苏打、发粉、清水揉成松散面团，分为若干剂子，分别搓圆压扁，制成桃酥坯。

3. 烤箱预热至 150℃，放入桃酥坯，烤约 15 分钟即可。

小知识

面团不宜过干或过湿。过干，粉粒间黏结力弱，烘焙时不能包裹住疏松剂释放的气体，成品较小而难于成形；过湿，坯料与模板会黏结，在烘焙时易变形，难以保持成品的表面光洁与花纹清晰。

 技 巧

炸糍粑时最好用有盖子的锅，这样可以有效防止溅油。

 功效

葵花子脂肪含量达 50% 左右，其中主要为不饱和脂肪，而且不含胆固醇；亚油酸含量可达 70%，有助于降低人体的血液胆固醇水平，有益于保护心血管健康。

小知识

糯米不宜与苹果同食，因为糯米中的磷等矿物质会与苹果中的果酸结合，产生不易消化的物质，易导致恶心、呕吐、腹疼。

葵花糍粑

 主料 糯米 750 克，葵花子 200 克

 辅料 白糖、食用油各适量

做法

1. 将糯米用清水浸泡一夜，蒸熟晾凉，加白糖捣成泥。

2. 把糯米泥放入长方形容器中，压实，放入冰箱冰冻30分钟，取出，在表面撒上葵花子，用手按压，使得葵花子能充分粘在糍粑上。

3. 将粘住葵花子的糍粑切成小块，再逐块下入油锅中，炸至金黄色取出摆盘即可。

酸辣三丝面

 主料 家常挂面250克，猪瘦肉、香菇、黄瓜各50克

辅料 高汤、食用油、青辣椒、红辣椒、葱末、姜末、酱油、盐、鸡精各适量

做法

1. 猪肉、香菇、黄瓜分别切丝；青辣椒、红辣椒去籽切丝，备用。

2. 锅上火加清水，煮沸后下入挂面，煮熟后捞出装碗。

3. 炒锅上火烧热，下底油，放入肉丝煸炒至断生，再加入葱末、姜末、酱油、鸡精，翻炒入味，出锅盛到面碗里。另起锅，下入高汤煮沸，调好口味即可。

技巧

挂面快煮熟时，往锅中冲入适量清水，可以让面条口感更清爽，不黏腻。

功效

香菇多糖可激活人体内有免疫功能的T细胞活性，可降低甲基胆蒽诱发肿瘤的能力，对癌细胞有一定的抑制作用。

 小知识

挂面是以小麦粉添加盐、碱、水经悬挂干燥后切制成一定长度的干面条，不含防腐剂及添加剂，营养成分得到了有效保留。

五丝酸辣汤

各种食材切丝时要尽量均匀，这样成菜更富美感，看起来更有食欲。

主料 白萝卜150克，海带、黑木耳、玉兰片、瘦猪肉各50克

辅料 红辣椒、料酒、姜、酱油、香油、胡椒粉、白醋、盐、鸡精、淀粉各适量

 功效

酸辣汤既可预防肠道传染病发生，又能促进身体发汗，治疗伤风感冒，具有健胃消食、化痰止咳、清热解酒等功效。

做法

1. 海带、黑木耳、玉兰片温水泡发，切丝；肉丝加盐、料酒、淀粉、水拌匀。

2. 锅内放油烧至五成热，爆香姜丝，倒入肉丝炒熟，再加入其他各丝煸炒。

3. 加适量水，煮沸，加酱油、白醋、鸡精、胡椒粉调味，再用水淀粉勾芡，淋上香油，出锅装碗即可。

小知识

白萝卜很适合煮水喝，煮熟后，喝萝卜水，放点白糖，可以当作饮料饮用，对消化和养胃有很好的作用。

栗子杏仁鸡汤

 技巧

　　生栗子用刀切一个口，用微波炉的高火加热 2 分钟左右，很容易去掉外皮。

主料 鸡 1 只（约 800 克），栗子 150 克，核桃肉 80 克

辅料 北杏仁、红枣、姜、盐各适量

做法

1. 栗子去壳、皮，将杏仁、栗子肉、核桃肉放入沸水中煮 5 分钟，捞起洗净；红枣去核，洗净；鸡去爪洗净，沥干水分。

2. 沙煲内加适量水，放鸡、红枣、杏仁、姜，大火煲沸，再用小火煲 2 小时。

3. 加入核桃肉、栗子肉再煲 1 小时，加盐调味即可。

 功效

　　栗子含糖、淀粉、蛋白质、脂肪及多种维生素、矿物质，对人体具有补益作用。

 小知识

　　新鲜栗子容易变质霉烂，吃了发霉栗子会中毒，因此变质的栗子不能吃。

花生炖猪蹄

 主料 猪蹄600克，花生米150克

 辅料 盐、葱段、姜片、料酒各适量

做法

1. 猪蹄去毛，洗净，用刀划口，放入锅内。

2. 锅内加花生米、盐、葱段、姜片、料酒、清水适量，用大火煮沸，撇去浮沫，改用小火熬至熟烂即可。

 技巧

花生米要提前用清水浸泡几个小时，就更容易炖熟入味。

 功效

花生含有丰富蛋白质、钙、铁等多种营养素，对产妇产后乳汁不足等症有一定疗效。花生还含有抗氧化的维生素E，具有滋润皮肤的作用。

 小知识

花生如果保管不当，极易受潮霉变，产生致癌性极强的黄曲霉素，因此，对已霉变的花生米，不应再吃。

豆皮汤

 豆皮 300 克，豆苗 100 克

 红辣椒、盐、鸡精、蒜片、食用油、高汤各适量

做法

1. 豆皮洗净，切成细丝；豆苗洗净，备用；红辣椒洗净，切丝。

2. 油锅烧热，下入蒜片、红辣椒丝爆香后，再下入豆皮丝一起翻炒。

3. 然后倒入高汤烧沸，再下入豆苗煮至熟后，加盐、鸡精调味即可。

 技 巧

如果没有高汤，也可用清水代替，这样又是另一种风味。

 功效

豆皮汤以豆腐皮为主料，配以豆苗可益胃和中、养胃、止咳消痰、补虚。

 小 知 识

豆腐皮为半干性制品，是素食中的上等原料，切成细丝，可经烫或煮后，供拌、炝食用或用于炒菜、烩菜，可配荤料、蔬菜，如肉丝等，也可单独成菜。

当归乌鸡

 主料 乌骨鸡 600 克，黄芪 10 克，当归 20 克

辅料 红枣、葱、姜、盐、胡椒粉各适量

做法

1. 乌骨鸡宰杀，去内脏，清洗干净；当归洗净，切段；红枣洗净。

2. 用沸水把乌鸡焯煮一下，沥去血腥腻味，然后放入大的汤碗内，配上当归和红枣。

3. 将盐、胡椒粉用水化开，浇在乌鸡之上，上锅蒸半个小时即可。

技巧

乌骨鸡先焯水，撇去浮沫，可避免汤汁浑浊而影响美观。

 功效

乌骨鸡肉中烟酸、维生素 E、磷、铁、钾、钠的含量均高于普通鸡肉、胆固醇和脂肪含量却很低，有提高生理机能、延缓衰老、强筋健骨等功效。

小知识

此菜特别适合产妇体虚血亏、肝肾不足、脾胃不健的人食用，但制作时忌用铁器。

 技 巧

汤未煮好前，不要加盐，这样鸡肉更嫩、汤汁更鲜美。

 功 效

香菇富含B族维生素、铁、钾、维生素D原（经日晒后转成维生素D）、味甘，性平。主治食欲减退，少气乏力。

 小 知 识

发好的香菇要放在冰箱里冷藏才不会损失营养；同时，泡发香菇的水不要丢弃，很多营养物质都溶在水中。

香菇鸡片汤

主料 鸡胸脯肉200克，鲜香菇30克，火腿50克，鸡蛋1个

辅料 盐、胡椒粉、鸡精、水淀粉各适量

做法

1. 鸡胸脯肉切成薄片，放入蛋清、水淀粉内调拌均匀，放入沸水内稍烫后立即取出，装在汤碗内。

2. 火腿、香菇均切成2厘米大小的薄片，连同鸡汤倾入锅内，加盐、鸡精、胡椒粉煮沸，倒入装鸡肉的碗内即可。

莲子老鸭汤

 主料 老鸭 500 克，莲子 100 克，冬瓜 300 克，陈皮 30 克，荷叶 1 张

辅料 盐、鸡精各适量

做法

1. 冬瓜去核后洗净，切大块；陈皮洗净泡水，待用；莲子、荷叶洗净；老鸭洗净，斩成件。

2. 锅内放清水煮沸，放入鸭块，焯过捞起。

3. 将老鸭、莲子、冬瓜、荷叶、陈皮放入汤煲内，加入适量清水，小火煲 2 个小时，加适量盐、鸡精调味即可。

技巧

冬瓜刮去青皮是怕有农药残留，如果是有机种植的冬瓜，建议连青皮和冬瓜籽一起煲效果更好。

 功效

莲子含有棉子糖，具有滋养补虚、止遗涩精的功效，是老少皆宜的滋补品。

小知识

老鸭一般指鸭龄在 1 年以上的鸭子；此菜是一道集美食养生，传统滋补，民间食疗为一体的大众家常汤品。

羊肉萝卜汤

主料 羊肉 500 克，萝卜 300 克，草果、荷兰豆各 100 克

辅料 姜、香菜、胡椒、盐、醋各适量

做法

1. 羊肉洗净，切成 2 厘米左右的小块；荷兰豆拣选后洗净，切去头尾；萝卜切 3 厘米见方的小块；香菜洗净，切段。

2. 将草果、羊肉、豌豆、姜放入锅内，加水适量，大火煮沸，改小火上煎熬 1 小时，再放入萝卜块煮熟，加香菜、胡椒、盐、醋调味即可。

 技巧

此菜羊肉的选择很重要，宜选择羊后腿肉，口感软而劲道。

功效

羊肉能御风寒，又可补身体，对一般风寒咳嗽、慢性气管炎、虚寒哮喘、腹部冷痛、体虚怕冷等一切虚状均有一定治疗和补益效果，最适宜于冬季食用。

 小知识

羊肉的气味较重，对胃肠的消化负担也较重，因此羊肉虽然好吃，不应贪嘴，胃脾功能不好的人更应少食。

技 巧

排骨焯水后，最好不要用凉水冲去血沫，加的水也不能是凉水，否则肉质突然遇凉容易紧缩，不易煮烂。

功效

海带含钙、磷、铁、B 族维生素等营养素，对利尿消肿、润肠抗癌有一定的食疗作用。

小 知 识

通常超市水产区可以买到已经泡好的海带根，厚厚的海带煮好后口感粉糯，不过如果喜欢吃脆口的话，那就应该选择薄一些的海带了。

海带排骨汤

 主料 猪排骨 400 克，海带 150 克

 辅料 盐、葱段、姜片、料酒、香油各适量

做法

1. 海带浸泡后，放笼屉内蒸约半小时，取出再用清水浸泡 4 小时，彻底泡发后，洗净控水，切成长方块。

2. 排骨洗净，剁成约 4 厘米的段，入沸水锅中焯一下，捞出用温水冲洗干净。

3. 净锅内加入 1000 毫升清水，放入排骨、葱段、姜片、料酒，用大火煮沸，撇去浮沫，改用中火焖烧约 20 分钟，倒入海带块，再用大火煮沸 10 分钟，挑出姜片、葱段，加盐调味，淋入香油即可。

 技巧

　　南瓜宜选择呈黄色、较成熟的，其口感更粉，更适合熬煮做汤。

🐟 功效

　　南瓜含有丰富的维生素及矿物质，可溶性纤维、叶黄素和磷、钾、钙等微量元素，多食南瓜可有效防治高血压、糖尿病及肝脏病变，提高人体免疫能力。

小 知 识

　　南瓜在蔬菜中属于非常容易保存的一种，完整的南瓜放入冰箱里一般可以存放 2～3 个月，所以在过去蔬菜紧缺的冬天，人们习惯把南瓜作为重要的维生素来源储藏起来。

南瓜排骨汤

 主料　南瓜、猪排骨各 300 克

 辅料　陈皮、蜜枣、盐各适量

做法

1. 南瓜洗净，开边去瓜瓤，切成大件，备用；排骨洗净，斩件。

2. 锅内加水，放入排骨，煮 5 分钟后，捞起，撇去浮沫。

3. 瓦煲内加入适量清水，先用大火煲至水沸，放南瓜、排骨、陈皮、蜜枣，待水再沸，改用中火继续煲 2 小时，以适量盐调味，即可。

拌马齿苋

主料 马齿苋 300 克

辅料 盐、酱油、醋、辣椒、红油、白糖、香油、鸡精各适量

做法

1. 马齿苋择洗干净，切成约 7 厘米长的段，放入沸水锅内汆至断生捞出，过凉。
2. 取一只碗，放入盐、酱油、醋、红油、辣椒、白糖、香油、鸡精等各味调拌均匀。
3. 将过凉的马齿苋捞出，沥干，放入容器中加入兑好的调味汁，搅拌均匀即可。

 技巧

马齿苋下锅汆时，不可时间过长，否则过于软烂，失去原有野菜之风味。

 功效

马齿苋为药食两用植物，有清热利湿、解毒消肿、消炎、止渴、利尿作用。

小知识

马齿苋生食、烹食均可，柔软的茎可像菠菜一样烹制，不过如果对它强烈的味道不太习惯的话，就不要用太多；马齿苋茎顶部的叶子很柔软，可以像豆瓣菜一样烹食，可用来做汤或用于做沙司、蛋黄酱和炖菜。

香拌豆皮丝

 主料 豆腐皮 300 克，红辣椒 30 克

 辅料 蒜瓣、香菜、盐、食用油、香油各适量

做法

1. 豆腐皮洗净，切成丝；红辣椒去蒂洗净，切圈；
   香菜洗净切段；蒜瓣拍破，切成末。

2. 锅内放油烧热，下蒜末爆香，倒入豆皮丝翻炒，
   加适量清水和盐，放入红辣椒，翻炒至熟。

3. 装盘，倒入香油搅拌，撒上香菜即可。

 技巧

红辣椒不要用特别辣的那种，太
辣会盖住豆皮丝的口味。

 功效

豆腐皮营养丰富，蛋白质含量高，
还有较多人体必需的微量元素、维生
素、氨基酸等，是老幼皆宜的高蛋白
保健食品。

 小知识

香拌豆皮丝是一道清爽适口
的快手家常凉菜，做法非常简单，
也可添加胡萝卜丝、蘑菇等作为
配料。脆嫩辣香，清爽适口。

技巧

　　购买罗汉果时，应该挑选个大形圆，色泽黄褐，摇不响，壳不破，不焦，味甜而不苦者为上品。

功效

　　牛肚富含蛋白质、脂肪、钙、磷、铁、硫胺素、核黄素、尼克酸等营养物质，具有补益脾胃、补气养血、补虚益精、消渴、风眩之功效。

小知识

　　牛肚，也就是牛的胃部，又被称作牛百叶，在我国有很长的食用和食疗历史，风味独特，在许多地方都有使用牛肚制成的风味小吃。

湘卤拼盘

主料 牛肚、牛舌、鸭掌各 200 克

辅料 食用油、盐、冰糖、料酒、辣椒酱、老抽、陈醋、葱段、蒜瓣、姜片、干辣椒、丁香、茴香、草果、豆蔻、陈皮、香叶、甘草、桂皮、罗汉果各适量

做法

1. 将葱段、蒜瓣、姜片、干辣椒、丁香、茴香、草果、豆蔻、陈皮、香叶、甘草、桂皮、罗汉果用纱布包好，制成卤料包；将盐、辣椒酱、老抽、陈醋调匀成味汁备用。

2. 锅置大火上，注入清水烧沸，放入卤料包、盐、冰糖、料酒、老抽熬制成卤水。

3. 牛肚、牛舌、鸭掌均洗净，放沸水锅中汆水后捞出，再放入卤水中以小火浸煮 1 小时后捞出。

4. 将卤好的材料改刀摆入盘中，随味汁上桌即可。

技巧

在炸时,油温应控制在185℃左右,判断标准是油面微起青烟;炸的时间视鸡爪被炸出来的效果而定,只要鸡爪完全起泡即可。

功效

鸡爪营养丰富,性温、味甘,有温中益气、填精补髓、活血调经作用。鸡爪富含胶质,有丰胸美肤的效果。

小知识

选购鸡爪时,要求鸡爪的肉皮色泽白亮并且富有光泽,无残留黄色硬皮;鸡爪质地紧密,富有弹性,表面微干或略显湿润且不粘手。如果鸡爪色泽暗淡无光,表面发黏,则表明鸡爪存放过久了。

豉汁鸡爪

主料 鸡爪 500 克

辅料 麦芽糖、红卤水各适量

做法

1. 将鸡爪用凉水浸泡约 15 分钟,刮洗干净,捞起沥干水分。

2. 将麦芽糖和水混合均匀,浸入鸡爪。

3. 将鸡爪捞起,放在风口处吹干,然后放入油锅中炸,炸至鸡爪皮酥肿起泡、整个鸡爪体积增大时,捞起沥干油分。

4. 将炸好的鸡爪放入红卤水中浸卤 30 分钟,捞起即可上碟。

凉拌烧椒皮

 皮蛋 4 个

 蒜瓣、食用油、生抽、鸡精、香油、陈醋、青辣椒、红辣椒各适量

做法

1. 皮蛋用蒸笼先蒸熟，去壳切成瓣，摆入碟内。

2. 青辣椒、红辣椒用火把皮烧至虎皮状，把外皮撕掉，再把辣椒撕成丝，蒜瓣切成米。

3. 辣椒与蒜粒加入生抽、鸡精、香油、陈醋、食用油，一起拌匀，淋到摆好的皮蛋上面即成。

 技巧

将皮蛋蒸几分钟，较易剥壳，又不破坏蛋形。且蛋黄完全凝固，便于切剖而不粘刀，还具有消毒杀菌、减轻涩味的作用。

功效

皮蛋味辛、涩、甘、咸，性寒，入胃经；有润喉、去热、醒酒、去大肠火、治泻痢等功效；若加醋拌食，能清热消炎、养心养神、滋补健身；用于治疗牙周病、口疮、咽干口渴等。

小知识

此道菜肴香辣爽利、柔韧兼备、微酸开胃、咸鲜可口。

口味手撕鸡

主料 鸡脯肉 250 克

辅料 姜、蒜瓣、大葱、油炸花生米、葱、熟鸡油、盐、鸡精、香油、生抽、胡椒粉、青辣椒、红辣椒、清汤各适量

做法

1. 青辣椒、红辣椒去籽切末，姜切片，蒜瓣切末，大葱切丝，摆入碟底，油炸花生米去皮拍碎，葱切段。

2. 锅内加水，待水开时投入鸡胸肉、姜、葱，用中火煮至熟透，捞起，用手把鸡肉撕成丝，摆入碟内。

3. 在碗内加入青辣椒末、红辣椒末、大葱丝、蒜末，注入清汤，放入花生粒，调入熟鸡油、盐、鸡精、胡椒粉、香油、生抽兑匀，淋在手撕鸡上面即可。

煮鸡肉时要控制好火候，不要过烂，否则会失去劲道的口感。

鸡肉可补虚、暖胃、强筋骨、活血、调经、止崩带、节小便频数；凡年老体弱、神疲力乏、贫血、血小板减少、白细胞减少、产妇体虚乳少等，吃鸡可滋补强健。

小知识

鸡肉不宜与蒜瓣同食。因为蒜瓣性温有毒，主下气消谷、除风杀毒，而鸡肉甘酸温补，两者功用相左，且蒜气熏臭，从调味角度讲，也与鸡肉不搭。

蒜香豇豆

主料 豇豆 300 克

辅料 蒜、红椒、葱末、香菜末、花椒、豆豉、白糖、醋、盐、红油、酱油、食用油各适量

做法

1. 豇豆去筋，洗净切小段，放入开水中烫熟，沥干水分，装盘。
2. 蒜去衣，剁成蒜泥，红椒洗净，切成红椒圈。
3. 锅烧热下食用油，放红辣椒、蒜泥，炝香，盛出，与其他辅料拌匀，淋在豇豆上即可。

 技巧

豇豆焯水时加入少许盐和色拉油，可以使豇豆颜色更绿，更鲜嫩。

功效

多吃豇豆能治疗呕吐、打嗝等不适。小孩食积、气胀的时候，用生豇豆 5 克，细嚼后咽下，可以起到一定的缓解作用。

 小知识

豇豆储存时温度应保持在 10℃～25℃之间，温度过低，烹饪出来的味道会很差，也炒不熟；温度过高，会使豇豆的水分挥发太快，形成干扁空壳，影响味道。

口味火焙

主料 湖南火焙鱼 250 克

辅料 蒜瓣、姜、葱、食用油、盐、鸡精、红油、香油、红辣椒各适量

做法

1. 蒜瓣切成末，红辣椒去籽切末，姜去皮切末，葱切花。

2. 锅内烧油，待油温烧至 90℃时，投入火焙鱼，酥炸至外脆，捞起滴净油。

3. 在碗内加入火焙鱼、蒜末、红辣椒末、姜末、葱花，调入盐、鸡精、红油、香油反复拌匀，摆入碟内即可。

技巧

放油的时候只需要一点点，润润锅，让鱼不粘锅就行；在酥炸火焙鱼时，火要适中，如果火温过高，易把鱼炸焦。

功效

此菜具有益气健脾、利水消肿、清热解毒的功效。

小知识

火焙鱼就是将小鱼在火上焙干，冷却后，以谷壳、花生壳、橘子皮、木屑等熏烘而成的鱼。它焙得半干半湿、外黄内鲜，这就兼备了活鱼的鲜、干鱼的爽、咸鱼的味。

五香卤牛腱

 技巧

　　肉质红色，感观新鲜细腻，纯瘦肉型不含人为水分，选购时注意鉴别；卤水颜色要适中，不宜太浓。

 功效

　　牛腱有补中益气、滋养脾胃、强健筋骨、化痰息风，止渴止涩之功效，适宜于中气下隐、气短体虚、筋骨酸软、贫血久病及面黄目眩之人食用。

主料 牛腱 350 克

辅料 洋葱、葱、蒜瓣、料酒、陈皮、香菜、姜、食用油、五香卤水、鸡精、香油各适量

做法

1. 牛腱洗净，用长铁针刺眼后加盐腌 5 小时，洋葱切块，陈皮泡透，姜拍碎，葱切段，香菜洗净切末，蒜瓣切末。

2. 锅内加卤水，待卤水微开时，下入腌好的牛腱，用中火卤至入味，熟透，捞起切片，摆入碟内。

小知识

　　牛腱也叫牛展，是指牛的大腿的肌肉，有肉膜包裹的，内藏筋，硬度适中，纹路规则，最适合卤味。

红油牛百

主料 发好的牛百叶300克

辅料 香菜、红油、蒜瓣、盐、鸡精、胡椒粉、香油、红辣椒各适量

做法

1. 牛百叶切丝状，香菜、蒜瓣、红辣椒均切末。

2. 锅内烧水，待水开时投入牛百叶，用大火快速烫至刚熟，捞起沥干水。

3. 在碗内加入牛百叶、香菜末、蒜末、红辣椒末，调入盐、鸡精、胡椒粉、香油、红油拌匀，入碟即可。

技巧

牛百叶比较嫩，烫时以防老化；吃饲料长大的牛百叶发黑，吃粮食庄稼长大的牛百叶发黄，选购时要加以鉴别。

功效

牛百叶含蛋白质、脂肪、钙、磷、铁、硫胺素、核黄素等，具有补益脾胃、补气养血、补虚益精之功效。

小知识

牛百叶是牛四个胃中的一个，又可以称牛肚，可以作食物材料，一般用作火锅、炒食等用途，广东人饮茶时也会把它蒸熟当点心。

 技巧

煮海带的时候不宜煮得过透，以免煮烂；清洗时需多清洗几遍，以防有少量细沙残留。

功效

海带是一种海洋蔬菜，富含碘、藻胶酸和甘露醇等。现代医学研究表明，吃海带可增加单核巨噬细胞活性，增强机体免疫力，并可抗辐射。

小知识

海带食用前，应当先洗净之后，再浸泡，然后将浸泡的水和海带一起下锅做汤食用。这样可避免溶于水中的甘露醇和某些维生素被丢弃不用，从而保存了海带中的有效成分。

凉拌海带丝

 海带丝 750 克

 红辣椒、蒜末、葱花、白醋、盐、白糖、鸡精、香油各适量

做法

1. 海带丝洗尽后沥干水分。

2. 将海带丝煮熟，煮的时候加入 5 毫升白醋，会熟得快一些。

3. 将红辣椒、蒜末、葱花、剩下的醋、盐、鸡精、白糖、香油混合，倒入海带丝中充分拌匀即可。

青红辣椒拌豆

技巧

凉拌制作过程中的豆干，一定要先用水煮熟回软，才能彻底入味。

主料 豆干 200 克

辅料 青辣椒、红辣椒、葱、蒜瓣、酱油、白糖、陈醋各适量

做法

1. 青辣椒洗净切丝，在沸水中汆熟捞出，过凉后捞出；红辣椒洗净切丝；蒜瓣、葱切末。

2. 豆干洗净，沸水中煮熟捞出、切粗丝，装在碗中加酱油、白糖、陈醋、蒜末搅匀。

3. 再加上葱末、青辣椒丝和红辣椒丝拌匀，食用时淋上香油即可。

功效

豆干含有大量蛋白质、脂肪、碳水化合物和钙、磷、铁等多种矿物质。

小知识

豆干是一种历史悠久的民间小吃，也是豆腐干的简称，特点是外皮柔韧，肉嫩滑，烹调方法主要有煎、焖、炸等 3 种。

雪里红拌豆干

 主料 雪里红 100 克，豆腐干 300 克，红辣椒 50 克

辅料 盐、白糖、醋、香油、食用油各适量

做法

1. 雪里红洗净，放入沸水中汆烫，捞出挤干水分，切成细末。
2. 豆腐干洗净切丁；红辣椒洗净，去蒂切末。
3. 锅中倒油烧热，爆香红辣椒末，放入雪里红翻炒片刻盛出装盘。
4. 加入豆腐干、盐、白糖、醋搅拌均匀，淋上香油即可。

 技巧

雪里红汆烫后可有效去除其苦味；也可以用腌制后的雪里红拌豆腐干。

 功效

豆腐干中含有丰富的蛋白质，而且豆腐蛋白属完全蛋白，含有人体必需的 8 种氨基酸，营养价值较高。

小知识

雪里红又称雪菜，因为其在下雪时反而生长得更为茂盛，故名，其茎和叶子是普通蔬菜，通常腌着吃。

 技巧

蒜末的多少可自行决定，可多可少，若不喜食蒜可少放或不放；做好的凉拌黄瓜放进冰箱稍冻片刻，可以增加其爽脆度。

 功效

黄瓜清凉脆嫩，有清热利水、解毒消肿的功效，最宜夏天解暑食用。用来做凉拌菜，既开胃好吃，又富有营养价值，能提高人体免疫能力。

 小知识

这是一样夏天常有的菜式，清凉爽口，简单美味，一般人群均适合，更是减肥人士的首选。

凉拌黄瓜

 主料 小黄瓜 500 克

 辅料 红辣椒、蒜末、盐、白糖、醋、香油各适量

做法

1. 红辣椒去蒂，洗净，切末。

2. 小黄瓜洗净，对半切开，再切成段，并用刀背轻拍，放入碗中，加入盐、白糖、醋拌匀，腌制3分钟。

3. 在腌好的小黄瓜中放入红辣椒末和蒜末，加入香油，搅拌均匀即可上碟。

 技巧

　　牛肉顶刀横切成细丝,烫熟即捞起,烫的时间不能长,否则会老韧。

🐟 功效

　　香菜富含营养素,其中维生素 C 含量为西红柿的 2.5 倍,胡萝卜素含量为西红柿的 2.1 倍,维生素 E 含量为西红柿的 1.4 倍,具有健胃消食、利尿通便、祛风解毒的功效。

小知识

　　牛里脊肉又称"沙朗(Sirloin)"、"菲利(Fillet)",是切割自牛背部的柔嫩瘦肉,肉质细嫩,适于滑炒、滑熘、软炸等。

凉拌牛肉丝

 主料　牛脊肉 250 克

 辅料　葱、甜酱油、香菜、姜、盐、鸡精、醋、辣椒油、花椒油、香油各适量

做法

1. 牛脊肉洗净,切成小细丝,放入沸水中烫熟后捞起,晾凉待用。

2. 将姜、葱、香菜洗净,姜、葱切成细丝,香菜切成小段,拌匀装入盘底,铺上烫熟晾凉的牛肉丝。

3. 把盐、鸡精、醋、辣椒油、花椒油、香油同甜酱油一起调匀,浇在牛肉丝上即可。

凉拌牛肚

 牛肚 500 克

 葱、红辣椒、料酒、八角、酱油、香油各适量

做法

1. 牛肚洗净，放入沸水中烫煮 5 分钟，捞出，刮除油脂，切片待用。

2. 取适量葱洗净，放入沸水中，加入牛肚、料酒、八角，煮烂牛肚，装在碗中。

3. 使用前将红辣椒和剩下的葱洗净、切丝，撒在牛肚上，淋酱油和香油即可。

技巧

牛肚清洗时，可先用清水冲洗几遍，再用盐、明矾、醋、玉米面反复揉搓至污物黏液被搓净，再用水清洗，最后放些食醋加水浸泡，去除异味。

 功效

牛肚富含蛋白质、脂肪、钙、磷、铁、硫胺素、核黄素、尼克酸等，具有补益脾胃，补气养血，补虚益精、消渴、风眩之功效。

小知识

本道菜肴爽滑脆嫩，浓香可口，但牛肚不宜煮得过烂，有足够的韧性口感会更好。

买回猪肝后要先用清水冲洗，然后置于盆内完全浸泡2小时左右以消除残血。

 功效

猪肝含有丰富的铁、磷、蛋白质、卵磷脂、微量元素以及丰富的维生素A，有补肝、明目、养血等功效。

小 知 识

猪腰，别名猪肾，因器形如古代的银锭而得名"银锭盒"。适宜腰酸腰痛、遗精、盗汗者及老年人肾虚耳聋、耳鸣者食用。

凉拌腰肝

 猪腰200克，猪肝100克
 辣椒、葱、料酒、盐、姜、酱油、白糖、香油各适量

做法

1. 猪肝洗净，切片；猪腰去筋膜，切花后切块，放在碗中加料酒、盐腌1小时，再以清水冲净；葱切段，姜切块，一起放入沸水中加猪肝和猪腰烫煮至熟，盛起。

2. 辣椒和剩余的葱洗净切丝，加酱油、白糖、香油调拌均匀，淋在腰肝上即可。

凉拌蒜味鸭

 烤鸭肉 350 克，绿豆芽 50 克

 蒜瓣、香菜、红辣椒、鸡精、香油、生抽各适量

做法

1. 将烤鸭取肉切成丝，绿豆芽去根洗净，蒜瓣、红辣椒、香菜洗净均切成末。

2. 锅内烧水，待水开后，投入绿豆芽，用中火烫透，倒出，用凉开水冲透，沥干水。

3. 取深碗一个，加入烤鸭丝、绿豆芽、蒜末、红辣椒末、香菜末，调入鸡精、生抽、香油，拌匀入碟即成。

拌此菜时，蒜要多点，可起到开胃杀菌的作用。

 功效

鸭肉中含有较为丰富的烟酸，它是构成人体内两种重要辅酶的成分之一，对心肌梗死等心脏疾病患者有保护作用。

香菜原产欧洲地中海地区，中国西汉时由张骞从西域带回，现在全国各省区均有栽培。其嫩茎和鲜叶有种特殊的香味，常被用作菜肴的点缀、提味之品。

五香舌条

主料 猪舌 150 克

辅料 蒜瓣 20 克，姜、枸杞子、香菜、八角、食用油、盐、鸡精、生抽、料酒、香油、清汤各适量

做法

1. 猪舌切去根部，蒜瓣剁成泥，姜去皮切末，枸杞子泡透，香菜洗净切末。

2. 锅内加水，待水开时，投入猪舌、八角、料酒，用大火煮至猪舌刚熟，捞起切片，整齐摆入碟内。

3. 在碗内加入蒜泥、姜末、枸杞子、香菜末，调入食用油、盐、鸡精、生抽、香油、清汤少许调匀，淋在猪舌上即可。

技巧

煮猪舌时火不能太大，否则易外老而内难熟。

功效

猪舌含有丰富的蛋白质、维生素A、烟酸、铁、硒等营养元素，有滋阴润燥的功效。

小知识

新鲜猪舌头灰白色包膜平滑，无异块和肿块，舌体柔软有弹性，无异味；变质的猪舌头呈灰绿色，表面发黏、无弹性，有臭味。

香麻手撕鸭

 鸭胸肉 250 克

辅料 白芝麻、蒜瓣、姜、葱、料酒、食用油、白酱油、盐、鸡精、香油、清汤、红辣椒各适量

做法

1. 白芝麻炒熟，红辣椒切末，蒜瓣切末，姜去皮切末，葱切花。

2. 锅内烧水，下入鸭胸肉、料酒，用小火煮至鸭肉熟，捞起用手撕成丝，摆入碟内。

3. 在碗内加入红辣椒末、蒜瓣末、姜末、葱花，注入清汤，调入盐、鸡精、白酱油、食用油、香油、白芝麻调匀，淋在鸭丝上即可。

 技巧

手撕鸭丝时，要顺纹路撕，煮时火候要够。

 功效

鸭肉中的脂肪酸熔点低，易于消化，所含 B 族维生素和维生素 E 较其他肉类多，能有效抵抗脚气病，神经炎和多种炎症，还能抗衰老。

 小知识

白芝麻具有含油量高、色泽洁白、籽粒饱满、种皮薄、口感好、后味香醇等优良品质。

香葱豆皮

 豆皮 400 克

 红辣椒丝、葱、红油、熟白芝麻、盐、鸡精、食用油各适量

做法

1. 豆皮洗净，切成细丝；葱洗净，切丝。

2. 锅中加水烧沸，下入豆皮丝焯水至熟后，捞出装盘。

3. 烧热油锅，下入红辣椒丝、葱丝、熟白芝麻炒香后，倒入豆皮中，与红油、盐、鸡精一起拌匀即可。

技 巧

豆皮丝烫好后要自然放凉，不能用凉水过凉，否则水分过多会影响凉拌后的味道和口感。

 功效

豆皮含有大量的卵磷脂，可防止血管硬化，预防心血管疾病，保护心脏；并含有多种矿物质，可补充钙质，防止因缺钙引起的骨质疏松，促进骨骼发育，对小儿、老人的骨骼生长极为有利。

小 知 识

豆腐皮是汉族传统豆制品，在中国南方和北方地区有多种名菜。豆腐皮与豆腐近似，但较薄、稍干，有时还要加盐，口味与豆腐也有区别。

凉拌苦瓜

 主料 苦瓜 300 克，辣椒 20 克

 辅料 蒜瓣、白糖、醋、盐、香油各适量

做法

1. 苦瓜洗净，对半切开，去蒂及籽后切薄片，然后下入沸水中焯水约 1 分钟至熟。

2. 辣椒洗净切丝，蒜瓣切末，将两者放入碗中。

3. 加入苦瓜，再加入白糖、醋搅拌均匀。

4. 锅中加少许油烧热，淋上即可。

 技巧

如果喜欢冰凉口感，则可以把凉拌好的苦瓜放入冰箱冷藏。

 功效

苦瓜的新鲜汁液，含有苦瓜甙和类似胰岛素的物质，具有良好的降血糖作用，是糖尿病患者的理想食品。

 小知识

苦瓜减肥法需要坚持并且需要每天吃最少二至三根，但要注意同时补充必要的营养，单纯吃苦瓜并不能提供给身体必需的营养，减肥应该以身体健康为原则。

 技 巧

卤猪耳不宜买大的，拌时要分清先后。

功效

猪耳含有蛋白质、脂肪、碳水化合物、维生素及钙、磷、铁等，具有补虚损、健脾胃的功效，适用于气血虚损、身体瘦弱者食用。

小 知 识

猪耳很有营养，并且口感非常好，尤其是当凉菜吃的"卤猪耳"，吃到嘴里又脆又柔韧，味道鲜香不腻，且富含胶质。

蒜香卤猪耳

 主料　卤猪耳 200 克

 辅料　香菜、蒜瓣、红葱、红油、盐、鸡精、香油、蚝油各适量

做法

1. 卤猪耳入微波炉加热，切条，香菜洗净切末，蒜瓣、红葱切末。

2. 在碗内加入卤猪耳条、蒜末、红葱末，调入盐、鸡精、香油、蚝油拌片刻。

3. 然后调入红油、香菜末，反复拌匀，夹入碟内即可食用。

技巧

黄瓜尾部含有较多的苦味素，不要把"黄瓜头儿"全部丢掉；调味汁可以按自己的喜好变换不同的味道。

功效

黄瓜具有除湿、利尿、降脂、镇痛、促消化的功效，尤其是黄瓜中所含的纤维素能促进肠内腐败食物排泄。

小知识

黄瓜营养丰富，口感爽脆，制成酸甜口味，更是深得准妈妈们的欢心，此菜谱可用于怀孕初期的孕妇。

雷打嫩黄瓜

 主料 嫩黄瓜 250 克

 辅料 蒜瓣、大葱、红辣椒、盐、鸡精、白糖、香油、酱油各适量

做法

1. 黄瓜洗净，用刀背拍打成小块；蒜瓣切末；红辣椒切圈；大葱洗净切斜片。

2. 将黄瓜调入盐，用保鲜膜包好，入冰箱冻 20 分钟，拿出待用。

3. 然后加入蒜末、红辣椒、大葱，调入鸡精、白糖、酱油、香油拌至入味，夹入碟内即可。

凉拌竹笋

 技巧

步骤1中竹笋不要在水里煮太久，老了不好吃；醋和白糖，可以根据自己的口味添加。

 功效

竹笋脆嫩鲜美，营养丰富。其味甘，性微寒，无毒，具有止渴、利尿、化痰的功效。

主料 竹笋 250 克

辅料 盐、姜末、蒜末、辣椒油、醋、白糖、香菜各适量

 小知识

竹笋一年四季皆有，但唯有春笋、冬笋味道最佳。烹调时无论是凉拌、煎炒还是熬汤，均鲜嫩清香，是人们喜欢的佳肴之一。

做法

1. 竹笋切丝，放进锅内煮熟。
2. 把竹笋捞起来，沥干水，放进碗里加盐、姜末、蒜末、辣椒油、醋和白糖，拌好后加香菜即可。

凉拌黑木耳

 干黑木耳 30 克,黄瓜 100 克

 蒜泥、芝麻、盐、鸡精、香油各适量

做法

1. 黄瓜洗净,去皮切丝;黑木耳泡发,去根、蒂,氽水沥干,装碗待用。

2. 碗中加入黄瓜丝、蒜泥、芝麻、盐、鸡精、香油,拌匀后静置半小时左右待其入味即可。

 技 巧

黑木耳一定要充分泡发,才能脆嫩爽口。

 功效

黑木耳有较强的吸附作用,经常食用,有利于体内产生的垃圾及时排出体外,也对胆结石、肾结石有一定的辅助治疗功效。

 小 知 识

新鲜黑木耳中含有一种化学名称为"卟啉"的特殊物质,人吃了之后,经阳光照射会发生植物日光性皮炎,引起皮肤瘙痒。故相比起来,干黑木耳更安全。

技 巧

　　毛豆剥壳后，如果豆子顶端像指甲一样的月牙形呈浅绿色，说明很嫩；如果已经变黑，就说明老了。

 功 效

　　毛豆既富含植物性蛋白质，又有非常高的钾、镁元素含量，B 族维生素和膳食纤维特别丰富，同时还含有植酸、低聚糖等保健成分，对于保护心脑血管和控制血压很有好处。

小 知 识

　　洗毛豆时，千万注意不要把毛豆蒂摘掉，去蒂的毛豆若放在水中浸泡，残留的农药会随水进入果实内部，造成严重污染。

五香毛豆

 主料　毛豆 250 克

辅料　八角、草果、丁香、盐、鸡精、盐、五香粉各适量

做法

1.清水里放入八角、草果、丁香，大火烧开后，放入毛豆，小火煮 10 分钟。

2.放入其他辅料，小火煮 5 分钟，再熄火浸 10 分钟，捞出晾凉即可。

技巧

优质豆腐丝呈白色或淡黄色，有光泽，富有韧性，软硬适度，薄厚均匀，不粘手，无杂质，具有豆腐丝固有的清香味，选购时要加以鉴别。

功效

萝卜苗富含维生素 C 和微量元素锌，有助于增强机体的免疫功能，提高抗病能力；萝卜苗中的芥子油还能促进胃肠蠕动，增加食欲，帮助消化。

小知识

萝卜苗喜欢温暖湿润的环境条件，不耐干旱和高温，对光照的要求不严，发芽阶段不需要光，在自家阳台也可以种植。

萝卜苗拌豆腐丝

 萝卜苗 150 克，豆腐丝 150 克

 红尖椒、盐、香油、味精、食用油各适量

做法

1. 豆腐丝洗净，放沸水中煮熟，捞出沥干水分；萝卜苗洗净，放沸水中烫熟。

2. 锅内放油烧至六成热，放入红尖椒爆香备用。

3. 将豆腐丝和萝卜摆放入盘内，加盐、味精、红尖椒、香油拌匀，淋热油即可。

香脆白

主料 白萝卜200克

辅料 辣椒粉、葱末、香菜末、蒜末、姜末、面粉、虾米、白糖、盐各适量

做法

1. 白萝卜削皮，洗净，和盐以100∶2的比例拌匀，再于萝卜上压一个重物，放置2个小时，中间搅和一次。

2. 等白萝卜块变软、出水后用清水冲一下，再放置半个小时，沥干水分备用。

3. 找一个小锅，放入大半杯水、面粉、虾米，一边搅拌一边用中火烧开，煮成糊状，关火，晾凉。

4. 在晾凉后的糊糊里，拌入蒜末、姜末、辣椒粉、葱末、香菜末、白糖，拌匀，加入白萝卜块搅和均匀。

5. 将白萝卜装瓶，盖严，放于阴暗处。两三天后就可以吃了。

步骤3烧的时候要注意经常搅拌，不然容易糊锅；买白萝卜不能贪大，以中型偏小为佳。

功效

萝卜中的B族维生素和钾、镁等矿物质可促进肠胃蠕动，有助于体内废物的排除；此菜清甜可口，具有清热开胃，生津止渴的功效，暑天食之尤佳。

小知识

用白萝卜做腌菜既开胃又好吃，韩国人素来喜欢做泡菜，其中萝卜就是他们最喜爱的选择。

图书在版编目 (CIP) 数据

经典湘味家常菜 / 犀文图书编著 . -- 重庆：重庆
出版社，2014.9
ISBN 978-7-229-08252-9

Ⅰ．①经… Ⅱ．①犀… Ⅲ．①湘菜－菜谱 Ⅳ．
① TS972.182.64

中国版本图书馆 CIP 数据核字 (2014) 第 128643 号

经典湘味家常菜
JINGDIAN XIANGWEI JIACHANGCAI

犀文图书 编著

出 版 人：罗小卫
责任编辑：钟丽娟
责任校对：何建云

重庆出版集团
重庆出版社 出版

重庆长江二路 205 号　　邮政编码：400016　　http://www.cqph.com

广州汉鼎印务有限公司印刷
重庆出版集团图书发行有限公司发行
E-MAIL:fxchu@cqph.com　　邮购电话:023-68809452
全国新华书店经销

开本：710mm×1 000mm　　1/16　　印张：12　　字数：120 千
2014 年 9 月第 1 版　　2014 年 9 月第 1 次印刷
ISBN 978-7-229-08252-9

定价：29.80 元

如有印装质量问题，请向本集团图书发行有限公司调换：023-68706683